新型农民现代农业技术与技能培训丛书

肉羊饲养员培训教材

贾志海　刘海英　编著

金盾出版社

内 容 提 要

本教材由中国农业大学动物科技学院贾志海教授等编著。内容包括：肉羊饲养员的职责和素质，肉羊饲养员需具备的基础知识，各阶段肉羊的饲养管理方法，肉羊饲养员技术考核指标及劳动定额等。

本教材从强化培养操作技能，掌握一门实用技术的角度出发，较好地体现了本岗位当前最新的实用知识和操作技能，理论深入浅出，语言通俗易懂，适用于县(市)、乡(镇)和农业企业相关工种的岗位培训，并可供广大青年农民自学使用。

图书在版编目(CIP)数据

肉羊饲养员培训教材/贾志海，刘海英编著．—北京：金盾出版社，2008.3(2017.4 重印)
(新型农民现代农业技术与技能培训丛书)
ISBN 978-7-5082-4972-8

Ⅰ.①肉… Ⅱ.①贾…②刘… Ⅲ.①肉用羊-饲养管理-技术培训-教材 Ⅳ.①S826.9

中国版本图书馆 CIP 数据核字(2008)第 002168 号

金盾出版社出版、总发行
北京太平路 5 号(地铁万寿路站往南)
邮政编码：100036 电话：68214039 83219215
传真：68276683 网址：www.jdcbs.cn
封面印刷：北京凌奇印刷有限责任公司
正文印刷：北京万友印刷有限公司
装订：北京万友印刷有限公司
各地新华书店经销
开本：850×1168 1/32 印张：4.5 字数：103 千字
2017 年 4 月第 1 版第 11 次印刷
印数：87 961～90 960 册 定价：9.00 元

序　言

中共中央国务院[2007] 1 号文件明确指出，加强“三农”工作，积极发展现代农业，扎实推进社会主义新农村建设，是全面落实科学发展观、构建社会主义和谐社会的必然要求，是加快社会主义现代化建设的重大任务。

我国农业人口众多，发展现代农业、建设社会主义新农村，是一项伟大而艰巨的综合工程，不仅需要深化农村综合改革、加快建立投入保障机制、加强农业基础建设、加大科技支撑力度、健全现代农业产业体系和农村市场体系，而且必须注重培养新型农民，造就建设现代农业的人才队伍。

胡锦涛总书记在党的十七大报告中进一步指出，要培育有文化、懂技术、会经营的新型农民，发挥亿万农民建设新农村的主体作用。

新型农民是一支数以亿计的现代农业劳动大军，这支队伍的建立和壮大，只靠学校培养是远远不够的，主要应通过对广大青壮年农民进行现代农业技术与技能的培训来实现。金盾出版社在对农业岗位培训进行广泛调研的基础上，与中国农业大学老科技工作者协会、华中农业大学老教授协会等单位共同策划，约请数百名农业专家、学者参加，组织编写了“新型农民现代农业技术与技能培训丛书”(以下简称“丛书”)。“丛书”坚持从现阶段我国青壮年农民的文化技术水平出发，突出现代农业技术与技能的传授，注重其先进性和实用性；“丛书”以教材形式编写，共有 88 个分册，涉及 81 个农业岗位，除水稻农艺工、蔬菜园艺工、蔬菜植保员、果树植保员分南方本和北方本外，其他均为一个岗位一本培训教材，以方便县(市)、乡(镇)、村组织新型农民培训和农业企业进行岗位培训时选用。“丛书”的组编和出版，还得到了河北农业大学、沈阳农业大学、西北农林科技大学、甘肃农业大学、北京农学院、山东畜牧兽医职业技术学院、大连民族学院、中国农业科学院茶叶研究所、中国农业科学院油料研究所、中国农业科学院郑州果树研究所、中国农业科学院特产研究所、中国农业科学院桑蚕研究所、中国养蜂学会、内蒙古自治区农牧科学院、甘肃省蔬菜研究所、山东省果树研究所、广西壮族自治区柑桔研究所、山西省畜牧兽医研究所等单位部分专家、教授的支持和参与，并列入劳动和社会保障部《全国职业培训与技能鉴定用书目录》，进行推荐，使我们深感欣慰，在此表示衷心感谢。我们希望和相信，通过“丛书”的出版发行，能为新型农民队伍的发展壮大贡献一份力量，也能为现代农业技术与技能培训积累一些可供借鉴的经验。

“丛书”编写时间有限，各分册存在不足或错漏在所难免，恳请同仁和各使用单位批评指正。

编 委 会

2008 年 1 月

前　言

我国绵羊、山羊品种资源十分丰富，据中国畜禽遗传资源名录资料，全国有绵羊、山羊地方品种、培育品种和引入品种100多个，饲养量及羊肉、羊皮、羊绒等产品产量均居世界第一位。我国草原辽阔，草山草坡面积大，农作物副产品，特别是秸秆资源丰富，为养羊生产提供了充足的饲草料。随着科学技术的进步和市场经济的发展，大力发展节粮型养殖业，特别是发展肉羊业，对增加农民收入，促进农业生产的良性循环，振兴农村经济，改善人们膳食结构，提高人民生活水平具有十分重要的意义。

随着社会经济发展和人们膳食结构的改变，羊肉需求量不断增加，肉羊生产也越来越受重视。然而肉羊生产在我国尚处于起步阶段，经营粗放，商品率低，集约化程度低，生产技术落后。从总体上看，我国养羊业生产还处于初级阶段，与养羊业发达国家还有较大的差距。要缩小这种差距，养羊生产必须由数量型向质量型转变，由低产型向高产型转变，由低效益型向高效益型转变。在这种情况下，饲养员的技术水平和管理水平对羊场生产效益的提高起着至关重要的作用。因此，做好饲养员的培训工作，是羊场生存和发展的关键所在，具有举足轻重的作用。由于各地饲养条件各异，如何根据本地实际情况组织肉羊生产，需要一批掌握现代养羊技术，懂饲料营养，懂肉羊饲养管理，懂繁殖育种技术的专门人才。

为促进肉羊生产向规模化、标准化方向发展，在广大农村加快普及现代科学养羊实用技术，培养具备现代养羊新技术的饲养员，我们组织编写了“肉羊饲养员培训教材”一书。本书是针对具有一定文化知识，从事或有意从事肉羊饲养管理工作的青年农民。根据现代养羊新理论和新技术，结合生产实践，从肉羊的生活习性、饲料饲草营养特性、繁殖技术、饲养管理等生产的基础知识进行了较为详细的阐述，集科学性、综合性、实用性于一体，侧重生产实际，立足肉羊饲养，以求对肉羊饲养员的饲养技能具有一定的指导作用。受编者水平所限，不当之处在所难免，恳请广大读者指正。

贾志海

2007 年 12 月

目 录

第一章　肉羊饲养员的岗位职责和素质要求

饲养员是羊场的一线工作人员，他们对本岗位职责的了解，责任心，掌握繁殖、兽医和饲养技术熟悉程度，对羊场经营得好坏有直接关系。因此上岗前对饲养员进行必要的技术培训，使饲养员了解自己的岗位职责，尽快适应自己的工作岗位，重视素质的提高。

一、岗位职责

认真学习肉羊饲养、管理方面的理论知识和基本饲养技术，虚心接受岗位培训，不断地提高基本饲养技能。

依照肉羊饲养操作规程加工配制饲料，按饲养要求和操作规程饲喂羊。

负责饲草、饲料的搬运和贮存工作。节约饲料，减少浪费。根据饲喂实践，对饲料的配方、定额及饲料质量等方面存在的问题及时向技术人员反映。

负责本人饲喂羊舍的一切饲养管理工作，如公羊的采精、母羊的配种、药浴等，并对羊只各项活动做好记录。熟悉羊只情况，对不同阶段、不同体质的羊采取不同的饲喂方法。

清洗、消毒笼具，加强对肉羊的管理，负责羊群及舍内外消毒工作，防止疾病感染，协助现场技术员做好防疫、检疫、治疗、测试、转群工作。

负责羊群及舍内外卫生管理，维修自己使用的工具。

做好人、羊安全，防火防盗等安全工作。

配合兽医做好观察、隔离、消毒和羊只的疫苗及防疫工作，发现羊只出现异常情况，及时向主管或兽医报告。

每次饲喂前应清理饲槽，饲喂时少加勤添，以保证饲料新鲜。检查饲料质量，不喂冰冻饲料和饮水。

二、素质要求

(一)思想品德

饲养员应遵纪守法，遵守场规和各项操作规程，服从场领导和技术人员的工作安排。工作积极主动、善于动脑筋，敢于提出合理化建议。以场为家，热爱岗位，热受劳动。不损害企业和个人利益。

(二)行为素质

工作中团结同事，不拉帮结派，要具有协作精神。爱护公物，节约生产物资。要爱护动物，以羊为本，责任心强，有耐心，工作细致周到，严格遵守羊场作息时间。

第一，注意个人卫生，勤洗澡，勤剪指甲。工作时不吸烟，不吃东西，以免病从口入。

第二，工作时必须穿专用工作服。工作服要经常清洗，消毒。接触病羊后更换工作服。出工作区时不得穿工作服，进入工作区后及时换上工作服。

第三，每年定期体检，尤其注意结核病、布鲁氏菌病、沙门氏菌病的检查，防止交叉感染。

第四，进入场区时必须经过消毒室，踩踏消毒池。工作中如果身体某部位受伤，须迅速压挤出伤口内的血液，清水洗净伤口后涂擦碘酊消毒后用纱布包扎。

(三)业务素质

饲养员必须了解羊的繁殖、饲养技术和兽医知识,以便根据羊的表现,初步采取简单的措施,以防贻误治疗时机。繁殖技术方面主要包括发情观察、辅助配种、助产等;饲养技术主要包括饲料质量鉴定、不同阶段羊的饲喂方法,饲料过渡、称重、给料,采食异常观察等。兽医方面主要是健康状况观察和各种急症的急救措施等。

为了具备以上业务素质,应具备初中以上文化,自觉学习,接受场内技术培训,结合生产实践不断提高业务水平,提高工作效率。

第二章　肉羊饲养员须具备的基础知识

一、肉羊的生活习性

了解肉用绵羊、山羊的生活习性，才能在生产中有的放矢，在饲养管理中为其提供适合群体或个体习性的条件，达到提高生产效益的目的。绵羊和山羊同属于草食性反刍动物，其生活习性相同点多于相异点。

（一）采食能力强，饲料范围广

羊的嘴尖，唇薄，上颚平整坚硬，上唇中央有一纵裂增加了上唇的灵活度，下颚门齿向外有一定的倾斜度，所以羊可以啃食很短的牧草，捡食地面落叶枝片，利用草场比较充分。牛、马等草食家畜不能放牧的短草牧场，羊可以很好地利用。在荒漠、半荒漠地区，牛不能很好地利用灌木类植物，羊则可以有效利用。此外，羊还可以利用作物秸秆等农副产品。羊对粗纤维的利用率可达50%～80%，高于其他草食动物。

绵羊与山羊比较而言，山羊的采食更广泛，山羊能利用绵羊不能利用的牧草，采食植物种类远多于其他家畜，达600余种。在牧场饲草极度匮乏的条件下，山羊主动觅食能力尤其显著。山羊特别喜欢采食灌木枝叶，在草地管理上常用来控制草地次生丛林、多刺灌木和杂草的生长，促进禾本科牧草的生长。因此，国外草地畜牧业发达国家，常利用山羊的采食习性管理草地。但如果利用和管理不当，山羊对生态环境也可产生较大的破坏。

山羊对生态的适应能力强，凡是有人生活的地方，都有山羊存在。无论高山或平原，森林或荒漠草原，热带或寒带，沿海或内陆均有山羊分布，山羊在地球上的地域分布之广远超过其他草食家畜。我国的福建、广东、广西、海南等热带、亚热带地区没有绵羊，但却饲养着一定数量的山羊。山羊对水的利用率高，使其能够忍受缺水和高温环境，能较好地适应荒漠地区的生态环境。

（二）合群性强

羊的合群性比其他家畜强。无论是放牧还是舍饲，一个群体的成员总喜好在一起活动，其中年龄大、后代多、身体强壮的羊常担任“头羊”的领导角色，带领全群统一行动，即使在牧草密度低的牧场上放牧时，也保持小群一起牧食。山羊的合群性强于绵羊，地方品种比培育品种合群性强，毛用型品种比肉用型品种合群性强。只要有“头羊”带头，其他羊只就可以随从放牧、出入、起卧、过河、过桥或通过狭窄处，有利于大群放牧管理。除繁殖季节公羊之间偶有因争夺配偶而发生争斗外，一般一群羊各成员间都可和睦相处。

（三）性情温驯，胆小懦弱，易受惊

羊性情温驯，胆小，突然的惊吓容易发生“炸群”而四处乱跑，不易上膘。在管理上，对羊要和蔼、安静。

绵羊的自治能力较差，在大风天气，常常顺风惊跑而发生累死或冻死现象。因此，在放牧时要保持相对安静的环境，在冬、春季节风速较大的天气放牧时，要加强看护工作。

山羊比绵羊胆大、敏锐，易于领会人的意图，容易调教。在草原上放牧羊群时，牧工常挑选去势山羊加以训练，作为头羊。

（四）爱清洁，喜干厌湿，耐寒怕热

羊适宜在干燥通风的地方采食和卧息。湿热、湿冷的圈舍和

低洼潮湿的草场对羊生长发育不利。在炎热潮湿的环境下羊易感染各种疾病，特别是肺炎、寄生虫病和腐蹄病。在夏季炎热天气放牧，常常发生低头拥挤、呼吸急喘，驱赶不散的“扎窝”现象，细毛羊更为明显。绵羊因品种不同对潮湿环境的适应性不同，细毛羊喜欢温暖、干旱、半干旱的气候条件，肉用羊和肉毛兼用羊则喜欢湿润、温暖的气候。山羊同绵羊一样喜欢干燥，适宜在干燥凉爽地区生活，但山羊对高温、高湿环境适应性明显高于绵羊，在我国南方夏季高温、高湿的气候条件下，山羊仍能正常的生活和繁殖。

羊喜好清洁，有高度发达的嗅觉，采食前先用鼻子嗅，凡是有异味、污染、沾有粪便或腐败的饲料，或已践踏过的草都不爱吃。羊也喜饮清洁的饮水。在舍饲饲养时，饲草要放在草架里，以减少饲草的浪费，饮水要保持清洁，经常更换；放牧饲养时，要定期更换牧场，最好实行轮牧。羊用嗅觉而不是用视觉去识别羔羊，在大群的情况下，母子也能准确相识。

(五)母性强

可利用这一特点，解决孤羔代乳问题。

(六)抗病能力强

羊对疫病的反应不像其他家畜那么敏感，在发病初期或遇小病时，往往不易表现出来。草料一时不足，也能活动照常，饮水暂时中断时，能增加夜间采食，甚至从植株、栅栏等物体表面舐取水分。一旦表现症状则病情已较重，因此日常精心喂养，细心观察很重要，发现疾病及时治疗。

(七)其他生活习性

除上述几点外，绵羊还具有放牧采食习性。绵羊放牧时喜欢边走边吃，这是绵羊自被人类驯化以来一直以放牧饲养为主，使其原有的生活习性得以完整延续的结果。在放牧情况下，绵羊的逍遥运动一昼夜可达 5～10 千米，放牧绵羊的发病率明显低于舍饲绵羊。因此，在舍饲绵羊时，要设置足够的运动场。另外，绵羊还有黎明或傍晚交配的习性，研究表明，在繁殖季节，绵羊在中午和夜间很少有性活动，在 6:30～7:30期间的交配比例最高，下午和黄昏时次之。因此，在采用人工输精时，为获得较好的受胎率，输精时间最好选择在早晨。

山羊活泼好动，喜欢登高，除卧息反刍外，大部分时间处于走走停停的逍遥运动之中。羔羊的好动性表现得尤为突出，经常有前肢腾空、身体站立、跳跃嬉戏的动作。山羊有很强的登高和跳跃能力，绵羊不能攀登的陡坡和悬崖，山羊却可以行走自如；绵羊不能跨越的障碍，山羊却可轻松越过。根据山羊的这一习性，舍饲山羊时应设置宽敞的运动场，圈舍和运动场的墙要有足够的高度。

山羊比绵羊繁殖力强，性成熟早，多胎多产。一般 5～6 月龄发情，6～8 月龄可初配，多数山羊每胎产 2～3 只羔羊，平均产羔率超过 200%。

二、营养知识

了解饲料营养成分及其饲料种类，是科学配制肉羊饲料的基础。根据肉羊的消化生理特点，合理配制饲料，才能最大限度地发挥肉羊的生产性能。

(一)肉羊的消化生理

1. 消化道结构及功能　肉羊是反刍家畜，由 4 个胃组成复胃(见图 2-1)，前 3 个胃无腺体组织，统称为前胃。第一胃叫瘤胃，为椭圆形，是 4 个胃中最大的，平均容积为 25 升，其功能是容纳采食的食物，作为临时贮存和发酵罐，然后慢慢咀嚼磨碎，进行饲草饲料的发酵和营养物的消化与合成。第二胃叫网胃，又名蜂巢胃，为球形，平均容积为2升，内壁分割成许多网格如蜂巢状，第一、第二胃紧连在一起，其消化生理作用基本相似。除机械作用外，也可利用微生物进行分解消化食物。第三胃叫重瓣胃，又名百叶胃，平均容积为0.9升，内壁有无数纵列的褶膜，对食物进行机械的压榨作用。第四胃叫皱胃，也叫真胃，为圆锥形，平均容积为3.3升，胃壁有腺体组织，分泌胃液，主要为盐酸和胃蛋白酶，食物在胃液的作用下进行消化。

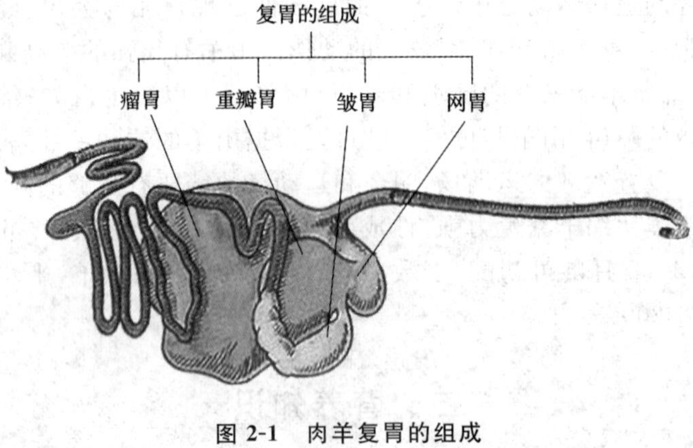

图 2-1　肉羊复胃的组成

小肠是羊消化吸收营养物质的主要器官，成年肉羊小肠长17～25米，多弯曲。食物在小肠多种消化酶的作用下被消化、分解、吸收，肠道越长，吸收能力越强。未被消化的食物，经肠蠕动进入大肠。大肠长4～13米，同时也有消化吸收功能，未被消化吸收的残渣形成粪便由直肠排出。

2. 反刍功能　反刍是羊消化饲草饲料的一个过程。羊瘤胃容积很大，能在短时间内大量采食，将未经咀嚼的食物咽下，进入瘤胃，当羊停止采食或休息时，瘤胃内被浸软、混有瘤胃液的食物会自动沿食管成团逆呕到口中，经反复咀嚼后再吞咽入瘤胃，而后再咀嚼吞咽另一食团，如此反复，称之为反刍。反刍是周期性的，正常情况下，在采食后40～70分钟即出现第一次反刍，每次持续40～60分钟，每个食团一般咀嚼40次左右，反刍次数的多少、时间的长短与采食饲料种类有密切的关系。

3. 瘤胃的消化生理特点　肉羊瘤胃中存在着大量的细菌和纤毛虫，这些细菌和纤毛虫能够分泌肉羊本身所不能分泌的酶，这就使肉羊和其他家畜在饲料养分的消化方面有明显的不同。瘤胃可以看作是一个高效率的发酵罐，在1克瘤胃内容物中有500亿～1 000亿个细菌，1毫升瘤胃液中有20万～400万个纤毛虫，其中起主导作用的是细菌。这些瘤胃微生物能将58%～80%的粗纤维进行分解消化，可将含氮化合物合成为菌体蛋白，还可以在羊身体内合成维生素 B_1、维生素 B_2、维生素 B_{12}、维生素K，以满足自身的需要。

4. 羔羊的消化特点　初生羔羊前三胃的容积较小，没有消化粗纤维的能力，皱胃分泌凝乳酶消化乳类。因此，初生羔羊只能依靠哺乳来满足营养需要。随着日龄的增长和采食量的增加，前三胃的容积逐渐增大，大约20天后开始有反刍活动。这时皱胃凝乳酶的分泌逐渐减少，其他消化酶的分泌逐渐增多，能对采食的部分草料进行分解。在哺乳早期，人工补饲易消化的植物性饲料，可以促进前胃的发育，增强对植物性饲料的消化能力，提前出现反刍活动。随着日龄的增长，前胃迅速发育，在前胃逐渐建立起比较完善的微生物区系。

（二）羊所需营养物质及消化特点

羊维持生命和生产产品需要大量的营养物质，这些营养物质包括：蛋白质、碳水化合物、脂肪、矿物质、维生素和水，主要来源于各类动、植物性饲料。羊通过消化系统将饲料中的营养物质消化、分解、吸收，合成自体组织成分和用于各种生化反应。各种营养物质的功能不同，羊对其消化、吸收也具有特殊性。

1. 蛋白质营养功能及消化特点 蛋白质是由氨基酸组成的一类数量庞大的物质总称，是有机物中惟一的含氮化合物。包括纯蛋白质和氨化物，通常以粗蛋白质来表示。生物体无不与蛋白质有关，任何细胞都含有蛋白质，可以说，没有蛋白质就没有生命。它的作用是脂肪和碳水化合物所不能替代的。

(1)蛋白质的营养作用

①蛋白质是构成机体组织、器官的重要物质。羊的肌肉、皮肤、血液、神经、结缔组织、腺体、精液等，都以蛋白质为其主要成分。

②蛋白质是机体内功能物质的主要成分。在动物的生命和代谢活动中起催化作用的酶，起调节作用的激素，具有免疫和防御功能的免疫体和抗体，都是以蛋白质为其主体构成的。另外，蛋白质在维持体内的渗透压和水分的正常分布方面也都起着重要作用。

③蛋白质可供能和转化为糖、脂肪。在机体营养不足时，蛋白质也可分解供能，维持机体的代谢活动。当摄入蛋白质过多时，也可能转化成糖、脂肪和分解产热供机体代谢用。

④蛋白质是组织更新、修补的主要原料。

⑤蛋白质是形成羊产品(羊肉、羊奶和羊毛)的重要物质。当日粮中缺乏蛋白质时，羔羊生长缓慢或停止，体重减轻，成年羊体重下降。蛋白质缺乏的羊，食欲不振，消化能力下降，抗病力减弱，发病率增加，生产性能降低。日粮蛋白质不足还会影响羊的繁殖功能，如母羊发情不明显、不排卵、受胎率降低、胎儿发育不良，公羊精液品质下降。反之，过多地供给蛋白质，不仅造成浪费，而且是有害的。蛋白质过多时，其代谢产物的排泄加重了肝、肾的负担，来不及排出的代谢产物可导致羊中毒。

(2)蛋白质在瘤胃内的消化吸收 饲料中的蛋白质进入瘤胃后，在瘤胃微生物的作用下发生降解，可降解的部分称为瘤胃可降解蛋白质，不能被降解的部分称为瘤胃未降解蛋白质。瘤胃可降解蛋白质，在瘤胃细菌的作用下，分解为多肽，多肽进一步降解为游离氨基酸，最后分解为氨、支链脂肪酸和二氧化碳。蛋白质降解产生的氨一部分被瘤胃微生物摄取到菌体内，用于合成菌体蛋白质，也称为微生物蛋白。另一部分氨被瘤胃内壁吸收进入血液，随血液循环到达肝脏，在肝脏内合成尿素，尿素通过唾液腺的分泌和瘤胃内皮再进入瘤胃，在瘤胃内重新被降解为氨，作为再循环的内源性氮素用以合成菌体蛋白质，这一过程称为唾液尿素循环。

瘤胃细菌合成的微生物蛋白和瘤胃未降解蛋白质一起进入皱胃和小肠，在消化酶的作用下分解成氨基酸，并被吸收利用。

值得注意的是瘤胃微生物在降解蛋白质和合成菌体蛋白质的过程中，要消耗能量，且菌体蛋白质氨基酸组成发生了变化。所以，对于优质蛋白质饲料来说，瘤胃微生物的降解作用是不利的，但是对于劣质蛋白质饲料来说则是有利的。基于这一点，对优质蛋白质饲料需要进行过瘤胃保护。

瘤胃微生物种类影响蛋白质的降解，因此日粮调整必须逐渐进行，以便瘤胃微生物针对新的日粮调整其比例。

瘤胃 pH 值影响日粮蛋白质在瘤胃的降解率。提高采食量或增加日粮精料比例，可降低瘤胃液 pH 值，偏离细菌适宜的作用范围，饲料蛋白质降解率降低。而高粗料日粮，瘤胃 pH 值较高，饲料蛋白质降解率高。

饲料的加工与贮藏。饲料的各种物理和化学处理均可改变蛋白质在瘤胃的降解率，如加热、甲醛处理、包被等降低降解率，粉碎过细则在瘤胃内停留时间短，而降解率下降。

除蛋白质外，动、植物中还含有许多其他的含氮化合物，这类化合物不是蛋白质，即不是由氨基酸组成，但它们都含有氮元素，其结构不同，功能各异，统称之为非蛋白氮。

非蛋白氮对羊有很重要的营养作用，因为它在饲料氮中占重要地位。非蛋白氮在植物快速生长期含量很高,约占牧草或早期刈割干草总氮的30%,青贮作物氮的50%。成熟的子实及副产品中含量较少。饲料中(或人工合成)的非蛋白氮可充分地被瘤胃功能发育完善的羊所利用,合成微生物蛋白,满足羊体蛋白质的部分需要,降低饲养成本。生产中常用的非蛋白氮化合物有尿素和缩二脲。

瘤胃微生物利用非蛋白氮的形式主要是氨。氨的利用效率直接与氨的释放速度和氨的浓度有关。当瘤胃中氨过多,来不及被微生物全部利用时,一部分氨通过瘤胃上皮由血液送到肝脏合成尿素,其中很大数量经尿排出,造成浪费。因此,在生产中应设法降低氨的释放速度,以提高非蛋白氮的利用效率。瘤胃微生物对尿素的利用有一个逐渐适应的过程。所以,使用尿素需注意以下几个问题:

第一,加喂高淀粉精料可以提高尿素的利用效率。淀粉为瘤胃微生物提供碳架的效果最好,因淀粉在瘤胃中发酵快,而且与尿素释放氨的速度相适应,且熟淀粉比生淀粉好。一般每千克淀粉加入100克尿素。在生产上是将尿素或尿素制剂混于日粮中让羊任意采食。

第二,尿素用量应逐渐加入,需2～4周时间作为适应期。

第三,使用尿素时应同时补充硫、磷、铁、锰、钴等矿物质元素,氮与硫之比以10～14∶1为宜。

第四,高蛋白质日粮中加尿素无效。日粮粗蛋白质含量低于12%时添加尿素。

第五,准确掌握尿素的用量,防治氨中毒。一般羊日粮中尿素用量决不要超过日粮干物质的1%,并且要均匀混合,效果才好,而且安全。如果日粮是含非蛋白氮高的饲料,如青贮料或青绿饲料,尿素用量应减半。饲喂尿素1小时后才能饮水。尿素中毒一般多表现为神经症状,肌肉震颤,呼吸困难,强直性痉挛,0.5～25

小时可发生死亡；灌服醋酸中和氨或用冷水对瘤胃降温可以防止死亡。

2. 脂肪营养功能及消化特点　脂肪在动、植物体内均含有，主要包括类脂肪物质（脑磷脂、卵磷脂、神经磷脂）、糖脂（如青草中的半乳糖脂等）和固醇（如动物的胆固醇、植物的麦角固醇）等。饲料中还含有非脂类物质，如树脂、色素和脂溶性维生素，通常称之为粗脂肪。

（1）脂肪的营养作用

①脂肪是羊能量来源的一部分，也是贮存能量的最好形式。脂肪是含能量最高的营养素。生理条件下脂肪含的能量是蛋白质和碳水化合物的2.25倍左右。生产中常用添加脂肪的高能日粮提高能量浓度。

②脂肪是组成羊体组织的重要成分，如神经、肌肉、血液等均含有脂肪。各种组织的细胞膜是由蛋白质和脂肪按照一定比例组成。脂肪也参与细胞内某些代谢调节物质合成。棕榈酸是合成肺表面活性物质的必需成分。糖脂类可能在细胞膜传递信息的活动中起着载体和受体作用。

③脂肪是脂溶性维生素的溶剂。饲料中维生素A、维生素D、维生素E、维生素K必须溶解在脂肪中才能被羊体消化吸收。饲料中缺少脂肪时，脂溶性维生素消化代谢发生障碍，羊可表现出维生素缺乏症。

④脂肪为动物提供必需脂肪酸（亚油酸、亚麻酸、花生油酸）。羔羊在生长发育过程中，必须从饲料中获得必需脂肪酸。必需脂肪酸中亚油酸最为重要，是其他两种脂肪酸合成的前体。

⑤脂肪是构成羊产品（奶、肉等）的组成成分。

（2）脂肪的消化、吸收　羊对脂肪的消化，主要是瘤胃微生物的消化代谢过程，进入瘤胃的脂类物质经微生物作用，在数量和质量上发生很多变化，分解成挥发性脂肪酸（乙酸、丙酸、丁酸），主要通过瘤胃壁吸收，未被瘤胃消化的脂肪经过瓣胃和网胃时，基本上不发生变化，在皱胃分解，在小肠吸收。羊日粮中脂肪含量不宜超过5%，否则不利于纤维的消化，其原因可能是由于油脂包裹纤维，阻止了微生物与纤维接触；油脂对瘤胃微生物的毒性作用，影响了微生物的活力和区系结构；长链脂肪酸与瘤胃中的阳离子形成不溶性复合物，影响微生物活动需要的阳离子浓度，或因离子浓度的改变而影响瘤胃环境的pH值。如果在羊日粮中添加保护完整的油脂即过瘤胃脂肪，就可以消除油脂对瘤胃发酵的不良影响。

3. 碳水化合物营养作用及消化吸收 碳水化合物是植物性饲料中最主要的组成成分，约占其干物质重量的3/4。因其来源广泛，成本低，成为动物生产中的主要能源，在羊日粮中占一半以上。一般饲料分析将碳水化合物分为粗纤维和无氮浸出物两大类。粗纤维由纤维素、半纤维素、多缩戊糖及镶嵌物质（木质素、角质等）所组成，是植物细胞壁的主要成分。无氮浸出物包括单糖、双糖、淀粉和糖原。在动物体内碳水化合物含量极少，主要是葡萄糖和糖原。

(1)碳水化合物的营养生理作用

①碳水化合物是羊体生命活动能量的主要来源。葡萄糖是大脑神经系统、肌肉、脂肪组织、胎儿生长发育、乳腺代谢的惟一能源。葡萄糖供给不足羊产生妊娠毒血症，严重时会致命。

②碳水化合物是组织器官不可缺少的成分。五碳糖是细胞核酸的组成成分，半乳糖与类脂肪是神经组织的必需物质，许多糖类与蛋白质化合而成糖蛋白，低级核酸与氨基化合形成氨基酸。黏多糖是保证多种生理功能实现的重要物质。透明质酸具有高度黏性，对润滑关节、保护机体在受到强烈震动时不致影响正常功能方面起重要作用。硫酸软骨素在软骨中起结构支持作用。肝素的抗凝血作用对保证正常血液循环、营养物质运转起重要作用。

③碳水化合物在动物产品形成中起重要作用。产双羔的绵羊

每天约需 200 克葡萄糖合成乳糖。葡萄糖也参与部分羊奶蛋白非必需氨基酸的形成。在肉羊肥育中，羊可把碳水化合物转变为体脂肪，提高增重，并能改善肉的品质。

④碳水化合物可转化成体储物质。其在羊体内充足时，可以转变成肝中的肝糖原和肌肉中的肌糖原或脂肪储备起来，以备不时之需。胎儿在妊娠后期能储积大量糖原和脂肪供出生后作能源利用。

⑤粗纤维的作用。对于羊，粗纤维是必需的营养物质，它除为羊提供能量及合成葡萄糖和乳脂的原料外，也是维持羊消化功能正常所必需的。粗纤维性质稳定，不易消化，容积大，吸水性强，能填充消化道给动物以饱腹感。它还能刺激消化道黏膜，促进消化道蠕动，促进未消化物质的排出，保证消化道的正常功能。因此，羊日粮粗纤维含量不能低于 17%。

（2）碳水化合物的消化吸收　瘤胃是羊碳水化合物消化的主要场所，特别是消化粗纤维的主要器官。羔羊对粗纤维的消化吸收与非反刍动物类同。

瘤胃微生物每天消化的碳水化合物占采食总量的 70%～90%。其中瘤胃相对容积大，是微生物寄生的主要场所，每天消化的粗纤维量占总采食碳水化合物的 50%～55%。碳水化合物在瘤胃内的降解可分为两步：第一步是高分子碳水化合物（淀粉、纤维素、半纤维素等）在纤维酶作用下降解为单糖，如葡萄糖、果糖、木糖、戊糖等。纤维素基本上能全部分解。半纤维素大部分能分解。木质素基本上不能分解。半纤维素—木质素复合程度越高，消化效果越差。第二步是单糖进一步降解为挥发性脂肪酸，主要产物为乙酸、丙酸、丁酸、二氧化碳、甲烷和氢等。甲烷及氢以嗳气排出，造成羊饲料中能量的损失。

正常情况下，瘤胃中乙酸、丙酸、丁酸占总挥发性脂肪酸的比例分别为 50%～65%、18%～25%和 12%～20%，这种比例关系受日粮组成影响很大。精饲料在瘤胃中的发酵率很高,挥发性脂肪酸产量较高,丙酸比例提高;粗饲料细粉碎或压粒,也可提高丙酸比例。粗饲料发酵产生的乙酸比例较高。

瘤胃发酵生产的挥发性脂肪酸大约有75%直接从瘤、网胃壁吸收进入血液,约20%在瓣胃和真胃吸收,约5%同食糜进入小肠。能满足羊生活和生产所需能量的65%左右。吸收的挥发性脂肪酸在体内转化生成葡萄糖,饲料中部分淀粉避开瘤胃发酵而直接进入皱胃,在皱胃和小肠内消化酶的作用下分解成葡萄糖直接吸收(这部分淀粉称之为"过瘤胃淀粉")。

羊特殊的瘤胃发酵功能提高了其粗饲料利用能力,生产上人们应充分发挥此优点,以较低的成本获得优质产品。羊对粗饲料的消化率与粗饲料的质量有关。适时收割的饲草消化率比粗老期高;适当经物理、化学方法处理的粗饲料消化率高。

与瘤胃微生物有关。一切影响瘤胃微生物的因素均可影响粗纤维利用。当羊饲喂粗饲料型日粮时,瘤胃pH值处于中性环境,分解纤维的微生物最活跃,对粗纤维的消化率最高;当喂精料型日粮时,瘤胃pH值下降,纤维分解菌的活性受抑制,消化率降低。所以,要保持瘤胃内环境接近中性或微碱性,日粮中应有适量的蛋白质、可溶性糖类和矿物质元素,以保证微生物活动需要,可提高粗纤维的消化率。

4. 矿物质 也称为无机盐或粗灰分。现已证明有27种矿物质元素为羊所必需。根据其在动物体内的含量,可分为常量元素和微量元素。体内含量大于或等于0.01%的元素为常量元素,包括钙、磷、钠、钾、氯、镁、硫等;体内含量小于0.01%的元素为微量元素,主要有铁、锌、铜、锰、碘、硒、钴等。

(1)钙和磷 钙和磷是羊体内必需的矿物质元素。目前,钙和磷已成为配合饲料中添加量较大的营养成分。

钙和磷是羊体内含量最多的无机元素,是骨骼和牙齿的重要成分，约有 99%的钙和 80%的磷存在于骨骼和牙齿中。钙是细胞和组织液的重要成分，参与血液凝固，维持血液 pH 值以及肌肉和神经的正常功能。磷是磷脂、核酸、磷蛋白的组成成分，参与糖代谢和生物氧化过程，形成含高能磷酸键的化合物，维持体内的酸碱平衡。

在羊生长的不同时期，钙、磷不足都会出现缺乏症，最易出现磷缺乏症。主要表现为生长减慢，生产力下降，食欲差，异食癖，饲料利用率低，骨骼生长发育异常，以至不能维持骨的正常形态，进而影响其他生理功能。日粮中缺乏钙会使羔羊生长停滞，发生佝偻病。骨骼生长发育明显畸形，长骨末端肿大，脊柱和胸骨弯曲变形。行走步态僵硬或脚跛，甚至骨折。日粮中钙、磷、维生素 D 缺乏或不平衡可引起骨软症或骨质疏松症。患骨软症的羊，骨组织呈海绵状，甚至出现骨折、骨骼变形等。

高钙日粮也可引起许多不良后果，会抑制干物质采食量并因元素间的拮抗作用影响锌、锰、铜等吸收利用，因影响瘤胃微生物区系的活动而降低日粮中有机物质消化率等。日粮中过多的磷会引起母羊卵巢肿大，配种期延长，受胎率下降。牧草中钙含量相对较丰富，以放牧为主的羊应注意补充磷，而舍饲强度肥育的肉羊，精料比例增多(谷物饲料磷含量丰富)，应注意补充钙。日粮中钙、磷比例不当也会影响羊的生产性能及钙、磷在消化道的吸收。实践证明，理想的钙、磷比是1～2∶1。

(2)镁　镁的 60%～70%存在于骨骼中，为骨骼正常发育所必需；作为多种酶的活化因子，在碳水化合物、蛋白质和脂肪代谢中起重要作用，参与遗传物质 DNA、RNA 和蛋白质合成或直接参与酶组成，调节神经肌肉兴奋性，保证神经肌肉的正常功能。

反刍动物需镁量高，一般是非反刍动物的 4 倍左右，加之饲料中镁含量变化大、吸收率低，常出现缺乏症。

羊缺镁时生长受阻，过度兴奋，痉挛，厌食，肌肉抽搐，甚至昏迷死亡。缺镁一般是地区性的，土壤中缺镁造成牧草缺镁，镁的缺乏症又称为“草痉挛”。羊的“草痉挛”常发生在晚冬和早春放牧季节，此时牧草含镁少，而气候寒冷等不利因素，可促使本病发生。主要表现为神经过敏，肌肉发抖，呼吸弱，心跳加速，抽搐，死亡。干草中的镁吸收率比青草高，放牧为主的羊可对牧草施镁肥而预防缺镁。

镁过量可使羊中毒，主要表现为昏睡，运动失调，腹泻，采食量下降，生产力低，甚至死亡。生产中使用镁添加剂时混合不匀可能导致中毒。

(3)钠、钾、氯　体内钠、钾、氯的主要作用是作为电解质维持渗透压，调节酸碱平衡，控制水的代谢。钠对传导神经冲动和营养物质吸收起重要作用。细胞内钾参与糖和蛋白质的代谢，此外钾离子影响神经、肌肉的兴奋性。钠、钾、氯可为各种酶提供有利于发挥作用的环境或作为酶的活化因子。

各种饲料都较缺乏钠，其次是氯，钾一般不缺。缺乏钠、钾和氯，表现为食欲下降，生长缓慢，减重，皮毛粗糙，繁殖功能降低，饲料利用率低，生产力下降，血浆中含量降低，特别是粪尿中含量降低。3 个元素中任何 1 个缺乏均可能表现生长慢或失重，食欲差。

羊缺钠初期表现异食癖，对食盐特别有食欲。缺钠进一步发展则产生厌食，被毛粗糙，体重减轻。羔羊缺钾，食欲明显变差。夏季给羊补充钾，可缓解热应激对羊的影响。高钾日粮会影响镁和钠的吸收。肥育羊日粮精饲料或非蛋白氮物质比例过高或大量使用玉米青贮等饲料可能出现缺钾症。

一般情况下，日粮中需补充食盐来满足钠和氯的需要。动物能自身调节钠摄入，羊耐受食盐的能力较强，可耐受含盐 1.2%的水和含盐 9%的日粮，供水充足耐受力更强。羊在竞争饲料条件下或缺食盐时，用任意舔食方式供给可能产生食盐中毒。其症状表现为腹泻，极度口渴，产生类似脑膜炎样的神经症状。日粮中钾过量，可降低镁的吸收率。牧草地大量施用钾肥可能引起羊低镁性“痉挛”。

(4)硫　硫的作用主要通过体内的含硫有机物实现。含硫氨基酸合成体蛋白质、被毛以及许多种激素，还可以合成软骨素基质、牛黄素等；硫是能量代谢中起重要作用的辅酶A的成分。是碳水化合物代谢中起重要作用的硫胺素的成分；硫作为黏多糖的成分参与胶原和结缔组织的代谢等。另外，羊还能利用无机硫合成黏多糖。

给予羊优质的蛋白质营养，不易发生缺硫症状，利用非蛋白氮作氮源，易出现缺乏症。羊缺硫时表现消瘦，角、蹄、爪、毛生长缓慢，利用纤维素的能力降低，采食量下降。产毛绵羊的饲粮中需较高的硫。绵羊用尿素代替蛋白质饲料而不同时补充硫源时，因瘤胃中含硫氨基酸的合成受到限制而使活重和产毛量降低。

自然条件下硫过量的情况少见。用无机硫作添加剂，用量超过0.3%～0.5%时，可产生厌食、失重、便秘、腹泻、抑郁等毒性反应，甚至死亡。

(5)铁　铁是血红蛋白和肌红蛋白的重要组成成分。铁作为许多酶的组成成分，参与细胞内生物氧化过程。铁有预防机体感染疾病的作用。

缺铁的主要表现是小红细胞性贫血。长期喂奶的羔羊常出现缺铁，发生低色素性小红细胞性贫血(血红蛋白过少及红细胞压积降低)，皮肤和黏膜苍白，食欲减退，生长缓慢，体重下降，抗病力弱，严重时死亡率高。

羊对铁的耐受力较强，绵羊日粮中铁的耐受量为500毫克/千克。过量饲喂，也会引起中毒，表现瘤胃弛缓、腹泻及肾功能障碍，严重时死亡。

(6)锌　参与机体酶组成，直接参与羊体蛋白质、核酸、碳水化合物的代谢，维持上皮细胞和羊毛的正常形态、生长和健康。锌还是一些激素的必需成分或激活剂，并维持生物膜的正常结构和功能。

羊缺锌时生长缓慢，采食量下降，食欲差，繁殖功能受损（胚胎畸形、死胎），鼻黏膜和口腔黏膜发炎、出血，皮肤变厚，被毛粗糙，关节变僵，肢端肿大。羔羊缺锌，眼和蹄上部出现皮肤不完全角化症。有角羊角环结构消失。踝关节可能肿大。

过量使用锌会引起中毒，表现为食欲不振和贫血。症状为剧烈的呕吐、腹泻、腹痛不安。有些病例出现麻痹、昏迷，并引起死亡。绵羊耐受量为300毫克/千克体重。

（7）铜　铜可促进铁在小肠的吸收，铜是形成血红蛋白的催化剂。铜是许多酶的组成成分或激活剂，参与细胞内氧化磷酸化的能量转化过程。铜还可促进骨和胶原蛋白的产生及磷脂的合成，参与被毛和皮肤色素的代谢，与羊的繁殖有关。

自然条件下缺铜与地区有关。缺铜羔羊表现低色素小红细胞性贫血，母羊可表现低色素和大红细胞性贫血，与缺铁性贫血类似，但不能通过补铁消除。缺铜羊常患骨质疏松，引起骨折或骨畸形，羊可因缺铜而繁殖性能降低。

绵羊对过量铜特别敏感，易受过量铜的危害。过量使用时在肝脏积聚，出现黄疸症，以至肝坏死和肾功能障碍。当肝中铜的蓄积量达到临界水平时可产生严重溶血，大量铜转移至血液中使红细胞溶解，发生血红蛋白尿和黄疸，使组织坏死，迅速死亡。绵羊对铜的耐受量为25毫克/千克体重。

（8）锰　锰是软骨的必需成分。锰是参与碳水化合物、脂类、蛋白质和胆固醇代谢的一些酶类的组成成分，也是多种酶的非专一激活剂，是精氨酸酶的专一激活物。与生长繁殖有关，为预防骨短粗症、形成正常骨骼所必需，参与铜的造血功能。此外，锰是维持大脑正常代谢功能所必不可少的。

羊缺锰时采食量下降，饲料利用率降低，生长发育受阻，骨骼形成缺陷，共济失调，繁殖功能受损，在很多情况下，导致神经系统功能紊乱。绵羊表现站立和行走困难，关节疼痛，不能保持平衡。山羊出现跗骨小瘤，腿变形。

锰的安全量与中毒量间幅度较大，中毒较少见。但过量使用可干扰其他元素的吸收，如出现钙、磷和铁的缺乏症。锰中毒时，羊生长受阻、贫血、胃肠道损害，有时出现神经症状。羊对锰的耐受力可达 1 000 毫克/千克体重。

(9)硒　硒是谷胱甘肽过氧化物酶的组成成分。对体内氢和脂过氧化物有较强的还原作用，可减少脂类的过氧化反应，保护细胞膜结构完整和功能正常，延长细胞膜的生命。有活化含硫氨基的作用，为蛋氨酸转化为半胱氨酸所必需。硒对胰腺组成和功能有重要影响。

缺硒具有明显的地区性，一般是缺硒的土壤地质环境引起人、畜缺硒。我国从东北到西南的狭长地带均发现不同程度的缺硒，其中黑龙江省的克山县和四川省凉山地区比较严重。羊缺硒主要表现为白肌病，羔羊(3～6 周)易发生，引发骨骼肌和心肌变性，出现生长缓慢，消瘦，影响繁殖性能，造成母羊不育或死胎。

硒的毒性较强，需要量和中毒量相差不大，长期摄入 5～10 毫克/千克饲料硒可产生慢性中毒，中毒症状表现为肌肉衰退、行动失调、视力减退、消瘦、贫血和影响繁殖等。摄入 500～1 000 毫克/千克饲料硒可出现急性或亚急性中毒，表现为腹泻、体温升高、脉搏加快、组织大量出血和水肿，由于呼吸困难，导致死亡。

(10)碘　碘的最主要功能是参与甲状腺素合成，几乎参与所有的物质代谢过程。维持体内热平衡，对繁殖、生长、发育、红细胞产生和血液循环等起调节作用。体内一些特殊蛋白(如匹马角质蛋白)的代谢和胡萝卜素转变成维生素 A 都离不开甲状腺素。

羊缺碘易导致甲状腺肿大，生长发育停滞，皮肤、被毛及性腺发育不良，繁殖力下降。妊娠羊缺碘可导致胎儿死亡，产死胎或新生胎儿成活率低。羔羊对缺碘敏感。在肥育期,尽管不一定缺碘,为了使畜禽甲状腺功能旺盛,增强抗应激能力和生产能力,常在饲料中补充碘。羊采食大量含有促甲状腺肿素的豆饼、豌豆、花生、白三叶草或甘蓝时会出现继发性碘缺乏症。

羊对碘耐受量为50毫克/千克体重,一般饲料中含碘量过高时,饲料适口性下降,采食量下降,因过量使用引起中毒的并不多见。长期超量使用可造成中毒,症状为皮肤角化症、流涎、呕吐、腹泻、抽搐、昏迷、死亡。

(11)钴　钴主要参与维生素 B_{12} 的合成,是维生素 B_{12} 的组成成分,钴对机体造血过程必不可少,并激活许多酶,参与蛋白质及碳水化合物代谢。钴可合成瘤胃微生物的生长因子,增强分解纤维素微生物的活性。

羊缺钴表现为食欲差,生长缓慢,异食癖,被毛粗糙,消瘦,生产性能下降,肝脏脂肪变性。

羊对钴的耐受力比较强,达10毫克/千克体重。日粮中钴超过需要量的300倍可产生中毒反应,生产中钴中毒的可能性很小,钴中毒是一种毒性较低的中毒症。过量使用时会出现厌食,体重下降,贫血,与缺乏症很相似。

5. 维生素　维生素是维持羊只健康、生长发育、繁殖后代和生产所必需的重要营养物质,维生素不是形成机体各种组织器官的原料,也不是能源物质,它们主要以辅酶和催化剂的形式广泛参与体内代谢的多种化学反应,从而保证机体组织器官的细胞结构和功能的正常,以维持动物机体健康和各种生产活动。

按照溶解性分为脂溶性维生素和水溶性维生素两大类。脂溶性维生素是指不溶于水,可溶于脂肪及其他脂溶性溶剂中的维生素。包括维生素A、维生素D、维生素E和维生素K,在消化道随脂肪一同被吸收,吸收的机制与脂肪相同,有利于脂肪吸收的条件,也利于脂溶性维生素的吸收。水溶性维生素包括B族维生素及维生素 C。体内细胞一般不能合成维生素(维生素 C、烟酸例外),羊瘤胃微生物能合成机体所需的 B 族维生素和维生素 K。到目前为止,至少有 15 种维生素为羊所必需。

(1)维生素 A　维生素 A 仅存在于动物体内,植物性饲料中的胡萝卜素作为维生素 A 原,可在动物体内转化为维生素 A。维生素 A 与正常视觉有关,对维持黏膜上皮细胞的正常结构有重要作用。维生素 A 参与性激素的合成,促进羔羊生长发育,增强羔羊的抗病能力。维生素 A 与免疫以及骨骼的生长发育有关,是羊最重要的维生素之一。

缺乏维生素 A 时,羊食欲减退,采食量下降,增重减慢,最早出现的症状是夜盲,严重缺乏时,上皮组织增生、角质化,抗病力明显降低。羔羊生长停滞、消瘦。公羊性功能减退,精液品质下降;母羊受胎率下降,性周期紊乱,流产,胎衣不下。

维生素 A 不易从机体内迅速排出,当长期摄入过量或突然吸收过量的维生素 A 均有可能引起动物中毒。羊的中毒剂量一般为需要量的 30 倍,中毒症状一般是器官变性,生长缓慢和失重,特异性症状为骨折、胚胎畸形、痉挛、麻痹甚至死亡等。

维生素 A 来源于动物产品,主要是鱼肝油,多以酯的形式存在。在豆科牧草和青绿饲料中胡萝卜素含量较多,叶子的绿色程度是胡萝卜素含量多少的一种标志,青绿饲料在干燥、加工和贮藏过程中,胡萝卜素损失很大。快速晒干的绿色牧草中的胡萝卜素损失可降低至 5%。

(2)维生素 D　促进小肠对钙和磷的吸收,维持血中钙、磷的正常水平,有利于钙、磷沉积于牙齿与骨骼中,增加肾小管对磷的重吸收,减少尿磷排出,保证骨的正常钙化过程。维生素 D 缺乏时,会造成羔羊的佝偻病和成年羊的软骨症。维生素 D 可影响动物的免疫功能,缺乏时,可使动物的免疫力下降。维生素 D 过多的主要病理变化是软组织普遍钙化,长时间的摄入过量还会干扰软骨的生长，厌食，失重。维生素 D 的最大耐受量，连续饲喂超过需要量 4～10 倍，60 天以上可出现中毒症状。

青干草中维生素 D_2 的含量主要决定于光照程度。太阳光照射是获得维生素 D 最廉价的来源。牧草在收获季节通过太阳光照射，维生素 D_2 含量大大增加。羊皮肤的分泌物经阳光照射可转变成维生素 D_3 的活性形式，被皮肤吸收。在工厂化封闭饲养条件下应适当增加维生素 D 的供给。

(3)维生素 E　维生素 E 是一种抗氧化剂，保护富于脂质的细胞膜不受破坏，维持细胞膜完整。维生素 E 不仅能增强羊的免疫能力，而且具有抗应激作用。在饲料中补充维生素 E 能提高羊肉在贮藏期的稳定性，延缓颜色的变化，减少异味，并在加工后的产品中仍有活性，使产品的稳定性提高。羔羊时期若日粮中缺乏维生素 E，可引起肌肉营养不良或白肌病，缺硒时又能促使症状加重，维生素 E 缺乏同缺硒一样，都影响羊的繁殖功能，公羊表现为睾丸发育不全，精子活力下降，性欲减退，繁殖能力明显下降；母羊性周期紊乱，受胎率降低。

维生素 E 广泛分布于饲料中。谷物饲料含有丰富的维生素 E，特别是种子的胚芽中。绿色饲料，叶和优质干草也是维生素 E 很好的来源，尤其是苜蓿中含量很丰富。青绿饲料(以干物质计)维生素 E 含量一般较谷物饲料子实高出 10 倍之多。在饲料的加工贮存中，维生素 E 损失较大，贮存半年可损失 30%～50%。

(4)维生素 K　最主要的生理功能是催化肝脏中凝血酶原和凝血因子Ⅶ、Ⅸ和Ⅹ的形成。通过凝血因子的作用使血液凝固。维生素 K 缺乏时，血液凝固速度显著降低，从而引起出血。羊的瘤胃能合成足够需要的维生素 K。

(5)B 族维生素　B 族维生素有维生素 B_1(硫胺素)，维生素 B_2(核黄素)，维生素 B_6(包括吡哆醇，吡哆胺，吡哆醛)，维生素 B_{12}(氰钴胺素)，烟酸(尼克酸)，泛酸，叶酸，生物素和胆碱。B 族维生素主要作为辅酶，催化碳水化合物、脂肪和蛋白质代谢中的各种反应。长期缺乏和不足，可引起代谢紊乱和体内酶活力降低。羊的消化功能正常时，瘤胃微生物能合成足够其所需的B族维生素，一般不需日粮提供。羔羊易出现缺乏症的维生素有：硫胺素、核黄素、吡哆醇、泛酸、生物素、烟酸和胆碱。

羊瘤胃微生物能合成烟酸。但饲喂高能量浓度日粮的肉羊，由于日粮中亮氨酸、精氨酸和甘氨酸的过量，色氨酸不足，应增加肉羊对烟酸的需要量。

维生素B_{12}在羊体内丙酸代谢中特别重要。瘤胃微生物没有足够的钴则不能合成适量的维生素B_{12}，因此需满足足够量的钴。

(6)维生素C(抗坏血酸)　羊能在肝脏或肾中合成维生素C，参与细胞间质中胶原的合成，维持结缔组织、细胞间质结构及功能的完整性，刺激肾上腺皮质激素的合成。维生素C具有抗氧化作用，保护其他物质免受氧化。缺乏维生素C时，周身出血，牙齿松动，贫血，生长停滞，关节变软等。

在妊娠、泌乳和甲状腺功能亢进情况下，维生素C吸收减少和排泄增加，高温、寒冷、运输等应激状态下以及日粮能量、蛋白质、维生素E、硒和铁等不足时，羊对维生素C的需要可大大增加。

6. 水　水是一种极易被忽略而对维持羊生命极其重要的物质。羊的饮水须水质优良外(以泉水、溪水、井水和自来水较理想)，水量要充足，一般每只羊日耗水量3～10升。

肉羊对水的需要比对其他营养物质的需要更重要。一只饥饿羊，可以失掉几乎全部脂肪、半数以上蛋白质和体重的40%仍能生存，但失掉体重1%～2%的水，即出现渴感，食欲减退。继续失水达体重8%～10%，则引起代谢紊乱。失水达体重20%，可使羊致死。

一般情况下，成年羊的需水量约为采食干物质的2～3倍，但受机体代谢水平、生理阶段、环境温度、体重、生产方向以及饲料组成等诸多因素的影响。羊的生产水平高时需水量大,环境温度升高需水量增加,采食量大时需水量也大。羊采食矿物质、蛋白质、粗纤维较多,需较多的饮水。气温在 10℃,采食 1 千克干物质需供给 2.1 升的水;当气温升高到 30℃以上时,采食 1 千克干物质需供给 2.8～5.1 升水。

妊娠母羊随妊娠期的延长需水量增加,特别是在妊娠后期要保证充足干净的饮水,以保证顺利产羔和分娩后泌乳的需要。泌乳山羊产 1 千克奶需要饮水 3.5 升。泌乳母羊全天需要 4.5～9 升清洁饮水。肉羊饮水的水温不能超过 40℃,否则会造成瘤胃微生物的死亡,影响瘤胃的正常功能。在冬季,饮水温度不能低于 5℃,温度过低会抑制微生物活动,增加维持正常体温所消耗的能量。

羊的饮用水卫生标准如下。

感官性状:色度不超过 15 度、不呈现其他异色,浑浊度不超过 5 度,无异臭或异味;不含肉眼可见物。

化学指标:pH 6.5～8.5,总硬度不超过 450 毫克/升(以 $CaCO_3$ 计),阴离子合成洗涤剂不超过 0.3 毫克/升。

毒理指标:氰化物不超过 0.05 毫克/升,汞不超过 0.001 毫克/升,铅不超过 0.1 毫克/升。

细菌学指标:细菌总数不超过 100 个/升,大肠杆菌不超过 3 个/升。

(三)饲料分类

根据国际分类原则,按照饲料的营养特性,将肉羊的饲料分成八大类:青绿饲料、青贮饲料、粗饲料、能量饲料、蛋白质饲料、矿物质饲料、维生素饲料和添加剂饲料。

1. 青绿多汁饲料 青绿饲料水分含量高,为 60%～90%,干物质少,能量含量低,粗蛋白质丰富,含有一定量的酶、激素、有机酸,易消化。干物质中无氮浸出物含量高(40%～50%),粗纤维含量低(<30%),粗脂肪含量一般为3%～6%,必需脂肪酸含量高,富含维生素,胡萝卜素含量达50～80毫克/千克;钙、磷含量丰富,比例适当。

(1)天然草地牧草　主要有禾本科、豆科、菊科和莎草科4类。以干物质计,天然牧草的无氮浸出物含量40%～50%;粗蛋白质含量豆科较高,为15%～20%,菊科、莎草科为13%～20%,禾本科为10%～15%;粗纤维含量以禾本科较高,为30%左右,其他为20%～25%;矿物质含量一般钙高磷少,其中豆科牧草含钙量最高。豆科牧草营养价值最高。禾本科牧草是构成草地植被的主体,产量高、再生力强、耐牧、适口性好。菊科牧草多具特异味,绵羊不喜欢采食。

(2)青饲作物和栽培牧草　常见青饲作物主要有青刈玉米、高粱、大麦、燕麦、苜蓿等。青饲作物一般柔嫩多汁,适口性好,其营养价值按干物质计,苜蓿含粗蛋白质为14%～19%,其他作物含粗蛋白质8.1%～12.7%,粗纤维29.2%～30.8%。

我国主要栽培牧草分豆科和禾本科2类。常见的禾本科牧草有黑麦草、无芒雀麦草等。豆科牧草主要有苜蓿、草木樨、紫云英等。

①黑麦草:1年可多次收割,按干物质计,开花前多年生黑麦草含粗蛋白质17.3%,可消化粗蛋白质12.7%,粗纤维25%,钙0.78%,磷0.25%,是禾本科牧草中可消化物质最高的一种牧草。

②无芒雀麦:由于分蘖力强,耐践踏,故适于放牧利用,适时刈割营养价值接近豆科牧草。按干物质计,抽穗前粗蛋白质含量为16%左右,粗纤维23%,钙0.64%,磷0.34%。

此外,鸡脚草、牛尾草、羊草、披碱草、象草和苏丹草均为重要的禾本科牧草。鲜草既可直接饲喂也可以调制成干草或制作青贮。

③紫花苜蓿：产量高，适口性好，营养价值高，适应性强，1 年可收割 2～5 茬，可青饲、放牧或调制干草，被誉为“牧草之王”。苜蓿粗蛋白质含量高，消化率高。另外，苜蓿富含多种维生素和微量元素。但苜蓿茎的木质化比禾本科草早且快（表 2-1）。一般认为有 1/3～1/2 植株开花时收割适宜。

紫花苜蓿茎叶中含有皂角素，羊采食过量易引起瘤胃臌胀病，故苜蓿鲜饲除应控制喂量外，放牧地最好和禾本科牧草混播。

表 2-1　苜蓿不同生长阶段营养变化　（%）

营养成分	蕾前期	现蕾期	盛花期
粗纤维	22.1	26.5	29.4
粗蛋白质	25.3	21.5	18.2
可消化粗蛋白质	21.3	17.0	14.1
粗灰分	8.0	12.8	16.2

（摘自东北农学院主编，《家畜饲养学》）

④草木樨：主要调制干草，不宜作青饲或青贮。按干物质计，粗蛋白质含量较高（19%），但含香豆素，适口性较差，保存不当易发生霉烂，霉烂时香豆素可在霉菌作用下产生双香豆素，使维生素 K 失效，从而导致动物因外伤、去势、去角等情况下血流不止，严重时还会引起羊只死亡。

⑤紫云英：鲜嫩多汁，适口性好，产量较高。一般以现蕾期或盛花期刈割较好。营养价值以干物质计，含粗蛋白质 22.3%，可消化粗蛋白质 15.8%，粗纤维 19.2%，钙 1.38%，磷 0.53%。盛花期后虽粗蛋白质减少，粗纤维增加，但总的养分含量仍比一般豆科牧草为高。

此外，三叶草、金花菜、毛苕子、沙打旺也是良好的豆科牧草。

（3）叶菜类及非淀粉质根茎类饲料　叶菜类作为饲料栽培的除苦荬菜、聚合草、甘蓝、牛皮菜等外，还包括蔬菜及甜菜茎叶、萝卜缨、冬瓜叶、南瓜蔓等。非淀粉根茎类及瓜类，主要包括胡萝卜和灰萝卜等。

(4)树叶类饲料 供作饲料的树叶较多，有苹果树叶、杏树叶、桃树叶、桑叶、梨树叶、榆树叶、柳树叶、紫穗槐叶、刺槐叶、泡桐叶和松针叶等。

饲喂青绿饲料应注意的问题主要如下。

第一，注意多样搭配，营养互补。青绿饲料是一种成本低，来源广，饲喂效果较好的饲料，但干物质和能量含量低，粗纤维、木质素含量少，不利于羊反刍。应注意与能量饲料、蛋白质饲料和其他优质青干草配合使用。对水分较大的牧草如鲁梅克斯、菊苣等，应晾晒至水分降到60%以下再喂，否则易引起羊腹泻。

第二，注意加工方法。用于喂羊可切得较长，以3～10厘米为宜。

第三，注意防止中毒。一要防青饲料氢氰酸中毒。高粱、玉米、苏丹草、谷草等牧草幼苗中含有氢氰酸，氢氰酸进入血液可引起中毒。因此，幼苗一定要长到1.5米以上收割第一茬。二要防有机农药中毒。刚喷过农药的牧草、蔬菜、青玉米及田间杂草不能立即饲喂，要经过1个月左右时间，待药物残留消失后才能饲喂。有的树叶含有单宁，味涩适口性不佳，必须加工调制后饲喂。叶菜类饲料中含有硝酸盐，在堆贮或蒸煮过程中被还原为亚硝酸盐，可引起羊中毒，甚至死亡，故饲喂量不宜过多。饲喂苜蓿的羊应补饲干草，以防瘤胃臌气病的发生。

2. 青贮饲料 指将青刈饲料作物、牧草或收获子实后的玉米秸等青绿多汁饲料直接或经适当处理后，切碎、压实、密封于青贮窖、壕或塔内，在厌氧环境下，通过乳酸发酵而成。包括一般青贮、半干青贮和添加剂青贮。

青贮饲料可有效地保存青饲料的营养成分，解决绵羊冬季饲料的供应问题，并能扩大饲料来源(一些适口性差的饲料经青贮后提高了适口性），其营养价值因原料不同而异。青贮饲料的共同特点是粗蛋白质主要是由非蛋白氮组成，且酰氨和氨基酸的比例较高，大部分淀粉和糖类分解为乳酸，粗纤维质地变软，胡萝卜素含量丰富，酸香可口，具有轻泻作用。在饲喂时，应与碳水化合物含量丰富的饲料搭配使用，以提高瘤胃微生物对氮素的利用率。

青贮饲料的制作不受天气影响，在雨水较多、气候潮湿、不易晒制干草的地区制作青贮是解决冬春饲草的重要途径。

（1）制作青贮必备条件　青贮是把饲用作物如玉米、高粱，栽培牧草或野生牧草刈割后切碎，装在青贮窖里，在厌氧条件下，利用乳酸菌发酵产生乳酸，使青贮原料的 pH 值下降到 4.2 以下，所有微生物过程都处于被抑制状态，而达到保存青饲料营养价值的目的。

制作青贮必须具备几个条件。

第一，青贮原料含有适宜水分。青贮原料中最适宜乳酸菌繁殖的水分含量是 68%～75%。水分不足，青贮料不易压实，空气不易排出，易产生霉菌，造成损失；水分过多，青贮料中的糖分和汁液由于压紧而流失，易引起青贮料的腐烂。因此，在调制青贮料时应当根据青贮原料适当调整，水分过大，应适当晾晒，或掺入适量干饲料；水分低，可加入适量水或与含水量大的原料混贮。

第二，充足的含糖量。青贮原料中糖分充足，乳酸菌就繁殖得快，整个原料酸度就会很快提高，有害微生物很快被抑制。相反，如果青贮原料糖分不足，有害微生物就会活跃起来，青贮就会霉烂变质。因此，青贮原料中的糖分含量和乳酸的迅速形成与青贮质量有很大关系。青贮原料的含糖量一般不应低于鲜重的 1%。一般来说，饲料作物玉米、高粱、甘薯、栽培和野生禾本科牧草的含糖量不低于 1%。而豆科牧草的苜蓿、沙打旺等，由于含糖较少而蛋白质较多，应搭配含糖量高的原料混贮或调制成半干青贮。

第三，必须创造厌氧环境。乳酸菌是厌氧菌，而腐败菌等有害微生物大多是好氧菌。因此，要给乳酸菌创造有利的生存环境，装填时必须压实，排除空气，顶部封严，防止透气，促进乳酸菌迅速繁殖，抑制那些好气性微生物的生长繁殖。

第四，掌握青贮的适宜温度。在青贮成熟过程中，温度也是主要因素之一。最理想的温度是 25℃～30℃，温度过高或过低，都会妨碍乳酸菌的生长繁殖，影响青贮质量。在正常青贮条件下，只要踩紧压实，厌气条件形成以后，青贮窖中的温度一般会在正常范围内，不需要另外采取调节温度的措施。

（2）青贮调制技术要求　青贮是一项突击性工作。贮前要把青贮窖、青贮切碎机准备好，并组织好劳力，以便在尽可能短的时间内突击完成。青贮时要做到随割、随运、随切、一边装一边压实，装满即封。原料要切碎，装填要踩实，顶部要封严。

青贮前准备好青贮窖。青贮窖址应选在环境符合卫生要求，取用方便的地方修建。修建地下青贮窖还要考虑到土质坚实，地下水位等。窖的内壁要垂直光滑，防止渗水。青贮前窖的底部和四周铺好塑料薄膜，有条件的可用水泥抹平。青贮窖的大小可根据青贮料需要量而定，1 立方米可贮存玉米青贮 550 千克左右。小型养羊场青贮窖一般宽 6 米，深 4 米，长度计算公式为：

$$\text{窖长}=\frac{\text{青贮全年需要量(千克)}}{550\times\text{窖宽}\times\text{窖深}}$$

1 只羊每天需要青贮饲料 3 千克，应根据当地青饲料供应状况及枯草期长短，确定青贮全年需要量。

①刈割运输。要注意掌握各种青贮原料适宜的刈割时期。适宜的刈割时期可保证产量和营养成分达到最佳。一般禾本科牧草在抽穗期刈割，玉米在乳熟期刈割。收获玉米穗后的秸秆如果青贮，更要及时收割。调制半干青贮时，收割的牧草先进行晾晒，使水分降到 45％～50％呈半干状态后贮存。

②切碎。切碎便于压实、排除空气，有利于原料中的汁液渗

出，利于乳酸菌摄取糖分并繁殖。切碎也便于羊只采食。青贮切割长度以 2～3 厘米为宜。最好选用青贮专用切碎机。

③压实。原料要随切随贮。露天存放的时间过久，易发热霉烂。装填时原料要逐层平摊，逐层压实。大的青贮窖一般用链轨拖拉机碾压，以便排出空气。压得越紧，空气排出越彻底。小的青贮窖要人工踩实，每铺 20 厘米踩实 1 次。特别是四周。

④封盖。原料装满压实后，要及时进行封盖。封盖的目的是为了把青贮原料压紧、封严，使空气和水不能进入。封盖一般用塑料薄膜覆盖，薄膜上面再压上 20 厘米左右沙土。封盖后，如出现下沉或裂缝要及时加土，防止透气漏水。

(3)青贮饲料的饲喂　青贮饲料经过 6 周左右的时间便能完成发酵过程，可开窖使用。良好的青贮饲料呈绿色或黄绿色，酸味浓厚，有芳香味，质地柔软，用手攥时湿润，不黏手。饲喂时应注意从窖一头开始，垂直逐段利用，每天用多少取多少，取后立即盖好。开窖后，要连续取用，如果停止取用，青贮料接触空气过久，就会发生霉变。

青贮饲料具有很多优点，富含有机酸，具有刺激羊只食欲，有助于消化，是各种牲畜都喜食的良好饲料。有些羊只开始时不习惯采食，经短期训练会慢慢习惯。青贮虽然是较好的饲料，但不能单一饲喂，一般羊只每天喂量 3 千克左右。与豆科、禾本科牧草搭配使用。妊娠羊在产前产后 10 天左右不宜喂青贮，防止引起流产和腹泻。

(4)半干青贮　半干青贮是近 40 年来在国外盛行的一种方法。这种方法在美、日及欧洲一些国家发展较快。它的实质是将牧草风干到含水量 45％～55％时，将牧草切碎，装窖贮存。低含水量使某些细菌如腐败菌、酪酸菌，甚至乳酸菌的生命活动，接近于生理干燥状态而被抑制。因此，任何饲料作物，不论其含糖量高低，都可制作半干青贮。但有一些微生物，如霉菌(好气菌)，它们对营养基质中水分的利用能力较强，因此半干青贮仍需要高度密封和压紧压实的厌氧条件。

半干青贮由于水分降低，体积减少，便于运输。半干青贮可以代替羊只日粮中的青贮、干草，简化了饲喂程序。半干青贮和干草相比较，减少了晒制过程损失。

3. 粗饲料　粗饲料指含水量小于60%而粗纤维含量大于或等于18%的饲料。包括青干草、稿秆及秕壳等。此类饲料的共同特点是体积大，粗纤维含量高达30%～50%，适口性较差，营养价值和消化率较低。粗蛋白质含量低，胡萝卜素含量极少，但其无氮浸出物含量丰富，一般在20%～40%；其优点是通过消化道速度较慢，羊只有饱腹感。粗饲料资源丰富，分布广泛，通常作为羊的基础饲料，在饲料中所占比例达50%以上，是羊只日粮中不可缺少的重要组分。在广大农区，农作物秸秆可作为羊只冬春季节的基本饲草。

粗饲料主要包括青干草类、农副产品类（荚、壳、藤、秸、秧）、干树叶类、糟渣类等。

(1)青干草　青干草是青绿饲料在尚未结籽以前刈割，经过日晒或人工干燥而制成的，较好地保留了青绿饲料的养分和绿色，是羊的重要饲料。紫花苜蓿、羊草、天然牧草及人工栽培牧草等均可晒制成青干草。

优质青干草叶多，适口性好，粗蛋白质含量较高，胡萝卜素、维生素D、维生素E及矿物质丰富。粗蛋白质含量禾本科干草为7%～13%，豆科干草为10%～20%；粗纤维含量适中，为20%～30%，所含能量为玉米的30%～50%。青干草是舍饲条件下羊只的重要饲草，但贮存期间注意发霉变质。

(2)稿秆饲料　稿秆主要是农作物收获子实后的秸秆，种类多，资源丰富，但其适口性较差，粗纤维含量高，可达30%～45%，其中木质素多，一般为6%～12%。秸秆中微量元素含量低，利用率不高;维生素含量中等,除维生素 D 外,其他维生素也很缺乏。这类饲料不能单独使用,须经适当的处理后饲喂。

稿秆饲料在我国资源丰富,是目前我国肉羊的主要饲料之一,主要包括:

①玉米秸:玉米秸粗蛋白质含量为 6%~8%,粗纤维为 25%~30%,粗脂肪为 1.2%~2%,钙为 0.39%,磷为 0.23%。同一株玉米秸的营养价值,上部比下部高,叶片较茎秆高,玉米穗苞叶和玉米芯营养价值很低。

②麦秸:粗纤维含量高(可达 40%),能量低,粗蛋白质含量 3%左右,消化率低,适口性差,是质量较差的粗饲料。包括小麦秸、大麦秸和燕麦秸等。小麦秸在麦秸中数量最多,但蛋白质含量仅为 2.8%,粗纤维含量可达 40%,并且含有硅酸盐和蜡质,适口性差,营养价值低,春小麦比冬小麦好。大麦秸适口性较好,粗蛋白质含量为 4.9%,粗纤维 33.8%。燕麦秸的饲用价值较高。

③稻草:稻草较其他秸秆柔软,适口性好,粗蛋白质含量为 2.6%~3.2%,粗纤维 21%~33%,粗脂肪为 1%,羊的消化率为 50%左右,消化能为 7.6 兆焦/千克。能量低于玉米秸、谷草,优于小麦秸。粗灰分含量高,约为 17%,但主要是不可利用的硅酸盐。钙、磷含量均较低。

④谷草:在禾本科秸秆中,谷草品质最好,质地柔软厚实,可消化粗蛋白质和可消化总养分均较高,是羊的优良粗饲料,与干草混饲效果更好。

⑤豆秸:收获后的大豆、豌豆和蚕豆等豆科秸秆,其叶片大部分脱落,秸秆含木质素较高,质地坚硬,作为羊的饲料时可将其粉碎与精料混饲效果较好。大豆秸木质素含量高达 20%~23%,消化率低,与禾本科秸秆相比,粗蛋白质含量和消化率较高。在豆秸中,蚕豆秸和豌豆秸品质较好。

(3)秕壳类饲料 秕壳是农作物子实脱壳后的副产品,常见的有谷壳、稻壳、花生壳、豆荚等。营养价值略高于同一作物的秸秆。豆荚的营养价值较好,含粗蛋白质5%～10%,无氮浸出物42%～50%,粗纤维33%～40%,钙1.3%～1.6%,磷0.05%～0.06%,适于喂羊。大豆皮(大豆加工中分离出的种皮),营养成分约为粗纤维38%、粗蛋白质12%、净能7.49兆焦/千克,几乎不含木质素,消化率高,对于羊只,其营养价值相当于玉米等谷物。

谷类皮壳包括小麦壳、大麦壳、高粱壳、稻壳和谷壳等。营养价值低于豆荚。但稻壳和花生壳质量较差。稻壳的营养价值最差。棉籽壳含粗蛋白质为4%～4.3%,粗纤维为41%～50%,消化能8.66兆焦/千克,无氮浸出物34%～43%。棉籽壳含棉酚,饲喂时要适量,以防棉酚中毒。

(4)秧蔓类饲料 包括甘薯秧、花生秧等,可作为羊的良好饲料。甘薯秧的干物质为83.7%,粗蛋白质8.1%,粗脂肪2.6%,粗纤维17.3%,无氮浸出物44.8%,粗灰分10.9%。饲喂时应粉碎,并注意清除杂物。

(5)干树叶类饲料 我国有一定的林地面积,进行农业结构调整后,林果种植面积较大,此外道路两旁、田埂、地边、房前屋后也栽有不少的树木,其中绝大部分树木的叶子都可作为羊的饲料。树叶外观较硬,但养分含量较高,营养价值优于秸秆和秕壳饲料,经粉碎制成叶粉可替代部分精饲料。树叶的营养成分随品种、季节、部位、产地、调制方法而不同。最好的是鲜嫩叶,其次是青鲜叶、青干叶,而青落叶、枯黄叶营养价值差。果树叶一般粗蛋白质、粗脂肪含量较高,粗纤维含量低,品质较好。

4. 能量饲料 指干物质中粗纤维含量在18%以下,粗蛋白质含量在20%以下,消化能在10.46兆焦/千克以上的饲料。主要包括谷实类及其加工副产品(糠麸类)、块根、块茎类和瓜果类及其他。

(1)谷实类饲料　谷实类饲料大多是禾本科植物成熟的种子，主要包括玉米、大麦、高粱、燕麦、稻谷、小麦、谷子等。其主要特点是无氮浸出物含量高，占干物质的66%～80%，其中淀粉含量高；粗纤维含量低(＜10%)，适口性好，可利用能量高；粗脂肪含量在3.5%左右，粗蛋白质含量低，一般在10%以下；磷的含量高，钙、磷比例不当。

①玉米：玉米被称为“饲料之王”，其特点是含能量高，黄玉米中胡萝卜素含量丰富，蛋白质含量低(9%左右)，且品质不佳，缺乏赖氨酸、蛋氨酸和色氨酸，钙、磷均少，且比例不合适，是一种养分不平衡的高能饲料。玉米可大量用于羊的精料补充料中，但应与蛋白质饲料和容积大的饲料如麸皮、燕麦、粗饲料搭配使用。

②高粱：能量仅次于玉米，粗蛋白质含量略高于玉米。高粱在瘤胃中的降解率低，因含有单宁，适口性差。与玉米配合使用可提高饲料的利用率。

③大麦：粗蛋白质含量高于玉米，品质亦好，赖氨酸、色氨酸和异亮氨酸含量均高于玉米；粗纤维较玉米多，能量低于玉米；主要矿物质是钾和磷；富含B族维生素，缺乏维生素A、维生素D、维生素K及维生素B_{12}。

④小麦：与玉米相比，能量较低，但蛋白质及维生素含量较高，缺乏赖氨酸，所含B族维生素及维生素E较多，维生素A、维生素D、维生素C、维生素K则较少。饲喂时以粗碎和压片效果最佳，不能整粒饲喂或粉碎过细，饲喂量不宜过高。

(2)糠麸类饲料　糠麸类饲料是谷实类饲料的加工副产品，主要包括麸皮和稻糠及其他糠麸。其共同特点是除无氮浸出物含量较少(40%～62%)，其他养分含量均较其他原料高。有效能量低，钙少而磷多，富含B族维生素，胡萝卜素及维生素E含量较少。

①小麦麸：俗称麸皮，是小麦加工成面粉时的副产品，主要是由小麦子实的种皮、糊粉层、少量的胚乳和胚组成，加工方式的不

同造成了麸皮营养成分的差异。粗蛋白质含量为 11%～15%，B 族维生素和维生素 K 含量高，粗纤维含量较高，属于低能量饲料。

②米糠：米糠为稻粒（糙米）去壳制成精米时分离出的副产品，由果皮、种皮、糊粉层及胚组成。米糠的营养价值变化较大，随含壳量的增加而降低。粗蛋白质含量为 13%左右，粗脂肪含量高，17%左右，易发生酸败。为使米糠便于保存，经脱脂可生产米糠饼。米糠饼脂肪和维生素减少，其他营养成分基本被保留。

③玉米皮：玉米皮是玉米加工淀粉时的副产品，由玉米皮、玉米胚芽和胚乳组成。蛋白质和粗纤维含量高于玉米，能量低于玉米，适口性比麸皮好，在羊生产中可代替日粮中的麸皮。

另外，还有高粱糠和小米糠，其中以小米糠的营养价值最高。高粱糠的消化能和代谢能较高，但因含有单宁，适口性差，易引起便秘，使用受限。

(3)块根、块茎类饲料　块根、块茎类饲料种类很多，主要包括甘薯、马铃薯等。按干物质中的营养价值划分应属于能量饲料。

①甘薯：甘薯又称红薯、白薯、地瓜、山芋等，是我国主要薯类之一。甘薯富含淀粉，粗纤维含量少，热能低于玉米，粗蛋白质及钙含量低，多汁味甜，适口性好，生熟均可饲喂。有黑斑病的甘薯有一定毒性，可导致喘气病，严重者甚至死亡，不能用于饲料。

②马铃薯：又称土豆，盛产于我国北方，产量较高。营养成分与其他薯类相似。与蛋白质饲料、谷实饲料混喂效果较好。马铃薯贮存不当发芽时，在其青绿皮上、芽眼及芽中含有龙葵素，采食过量会导致羊中毒。因此，马铃薯要注意保存，若已发芽，饲喂时一定要清除皮和芽，并进行蒸煮。

5. 蛋白质饲料　指干物质中粗纤维含量在 18%以下，粗蛋白质含量 20%以上的饲料。其可消化养分含量高，容重大，是羊精饲料的主要成分。

(1)植物性蛋白质饲料　主要包括全脂油料子实、饼粕类及其他加工副产品。饼粕类饲料是豆科及油料作物子实制油后的副产品。压榨法制油后的副产品称为饼,溶剂法制油后的副产品称为粕。

①全脂油料子实:一般来说,油料子实中的油脂和蛋白质含量都很高,全脂大豆中约有21%的脂肪和42%的粗蛋白质。全脂葵花籽含脂肪40%～45%,粗蛋白质为18%～20%。普通油菜籽含脂肪40%～45%,加拿大培育的油菜籽中的脂肪高达40%～60%,蛋白质约20%。油料子实中的脂肪,大多为不饱和脂肪酸,而不饱和脂肪酸中又以油酸最多。大豆含赖氨酸丰富,油菜籽中赖氨酸和蛋氨酸含量高,而棉籽中精氨酸含量高。一般情况下,油料子实不直接作为饲料饲喂肉羊,而是经过榨油后,用饼粕作为蛋白质补充料饲喂。

②大豆饼粕:粗蛋白质含量为38%～47%,且品质较好,赖氨酸含量高,蛋氨酸不足。矿物质钙少磷多,维生素A、维生素D、维生素B_2含量低,其他B族维生素含量较高,是绵羊良好的蛋白质饲料。

③棉籽饼粕:棉籽饼粕是棉籽榨油后的副产品。由于棉籽脱壳程度及制油方法不同,营养价值差异很大,棉仁饼粕粗蛋白质含量为41%～44%,棉籽饼粕粗蛋白质含量为34%～36%,全棉籽粗蛋白质含量为22%左右,赖氨酸不足,仅为豆粕的50%,精氨酸含量很高,蛋氨酸不足。磷和维生素B_1含量较高,胡萝卜素和维生素D含量较低;粗纤维含量10%～20%。棉籽饼中含有游离棉酚,一般不会对羊造成危害,但长期大量饲喂会引起中毒。一般在羊的配合料中游离棉酚含量在500毫克/千克以下为安全量。

④花生饼粕:营养价值较高,粗蛋白质含量不低于大豆粕,但氨基酸组成不好,赖氨酸含量只有大豆饼粕的一半,蛋氨酸含量也较低。所含脂肪酸以油酸为主,不饱和脂肪酸为53%～78%。除

维生素A、维生素D、维生素C外，其他维生素含量丰富。矿物质中钙少磷多。用于饲喂羊只，选择处理温度较高的花生饼粕效果较佳，并应注意检测黄曲霉毒素。

⑤菜籽饼粕：有效能较低，适口性较差。粗蛋白质含量在34%～38%，矿物质中钙和磷的含量均高，特别是硒含量是常用植物性饲料中最高者。菜籽饼粕中含有硫葡萄糖苷、芥子苷等毒素，长期大量饲喂，会对羊只造成危害。

另外，还有胡麻饼粕、芝麻饼粕、葵花籽饼粕都可以作为羊只的蛋白质补充料。

(2)其他加工副产品　主要指糟渣类，是酿造、淀粉及豆腐加工行业的副产品。其主要特点是水分含量高(70%～90%)，干物质中粗蛋白质含量25%～33%，B族维生素丰富，还含一些有利于动物生长的未知生长因子。

①玉米蛋白粉：是用玉米生产淀粉时的副产品。其产量为原料玉米的5%～8%。由于加工方法及条件不同，粗蛋白质的含量变异很大，为25%～60%。蛋白质的利用率较高，蛋氨酸含量高而赖氨酸不足。缺乏矿物质，维生素A含量高，B族维生素较少，因其比重较大应与容积大的饲料配合使用。

②豆腐渣、酱油渣及粉渣：多为豆科子实类加工副产品，干物质中粗蛋白质的含量在20%以上，粗纤维较高，维生素缺乏。这类饲料水分含量高，一般不宜存放过久，否则极易霉败变质。

③酒糟、醋糟：多为禾本科子实及块根、块茎的加工副产品，酒糟粗蛋白质含量一般为19%～30%，酒糟中含有一些残留的酒精，对羊只喂量要适宜。

单细胞蛋白质饲料主要包括酵母、真菌及藻类，以酵母最具有代表性。酵母粗蛋白质含量40%～50%，生物学价值较高，含有丰富的B族维生素，目前应用不广。

6. 矿物质饲料 矿物质饲料一般指为羊提供食盐、钙源、磷源的饲料。食盐的主要成分是氯化钠,用其补充植物性饲料中钠和氯的不足,还可以提高饲料的适口性,增加食欲。石粉、贝壳粉是廉价的钙源,含钙量分别为38%和33%左右,是补充钙营养的最廉价的矿物质饲料。磷酸氢钙的磷含量18%以上,含钙不低于23%;磷酸二氢钙含磷21%,钙20%;磷酸钙(磷酸三钙)含磷20%,钙39%,是常用的无机磷源饲料。

微量元素添加剂,主要是补充饲粮中微量元素的不足。绵羊饲料中注意补充铁、铜、锌、锰、钴、碘、硒等微量元素。微量元素盐砖,是补充反刍动物微量元素的简易方法。反刍动物用的复合盐,最好使用瘤胃中易溶解的微量元素硫酸盐。饲料砖一般有矿物质盐砖、精料补充料砖和驱虫药砖。可放于羊运动场或饲槽内供羊只自由舔食,饲喂方法简单,但要防雨水浸泡。

7. 维生素饲料 羊的瘤胃微生物可以合成维生素K和B族维生素,肝、肾中可合成维生素C,一般除羔羊外,不需额外添加,当青饲料不足或舍饲条件下应考虑添加维生素A、维生素D和维生素E。

8. 添加剂饲料 添加剂饲料是指在肉羊生产中,加入其配合饲料中的各种微量成分,分为营养性添加剂和非营养性添加剂2种。营养性添加剂有常量元素、微量元素、氨基酸等;非营养性添加剂常用的有促生长剂、抗氧化剂、防霉剂、调味剂和驱虫保健剂等。

9. 配合饲料 配合饲料是根据畜禽种类、生长发育阶段和生产目的的营养需要,选用多种饲料按一定比例进行混合,使其提供的营养物质符合饲养标准,并按规定的工艺流程生产的饲料。配合饲料按其用途和营养成分分为添加剂预混料、浓缩料、精料混合料及全价配合饲料。

添加剂预混料是指用一种和多种营养与非营养性添加剂原

料，与载体及稀释剂一起搅拌均匀的混合物。主要含有矿物质、维生素、氨基酸、促生长剂、抗氧化剂、防霉剂、着色剂等，是配合饲料的半成品，可供生产全价配合饲料及浓缩饲料使用，它不能直接饲喂动物。在配合饲料中添加量一般为 0.5%～3%，但作用很大，具有补充营养、促进动物生长、防治疾病、改善动物产品质量等作用。添加剂预混合饲料的生产目的是使添加量很少的添加剂经过稀释扩大，从而使其中有效成分均匀分散在配合饲料中。

浓缩饲料，又称蛋白质补充饲料，主要由蛋白质饲料、常量矿物质饲料（钙、磷、食盐）和添加剂预混合饲料配制而成的配合饲料半成品。它一般占全价配合饲料的 20%～30%。再掺入一定比例的能量饲料（玉米、高粱、大麦等）就成为满足动物营养需要的全价饲料，具有粗蛋白质含量高（一般在 30%～50%）、营养成分全面、使用方便等优点。

全价配合饲料是在浓缩料的基础上加上一定比例的能量饲料即是全价配合饲料，可直接饲喂动物，能满足动物所需要的全部营养物质。

精料混合料，又称精料补充料，专为草食动物（牛、羊等）所生产，它不能单独构成日粮，而是用以补充采食饲草后不足的那一部分营养。亦即牛、羊等草食动物在所采食的青、粗饲料及青贮饲料外，给予适量的精料补充料，可满足饲喂对象的营养需要。

（四）饲料品质鉴定

饲草、饲料是养羊业的物质基础，羊只所需要的各种营养物质必须从饲料中获得。在肉羊生产的成本中，饲草（料）的费用约占 70%，饲料品质的好坏直接影响肉羊生产经济效益。因此，饲养员不仅要了解不同饲料的性质和营养特点，而且要对饲料品质的优劣进行鉴别，以便在生产中合理利用。

饲料质量的好坏主要反映在其饲养价值上。在未饲喂之前，对饲料的品质进行鉴定，对提高其利用效率是很有帮助的。鉴定饲料品质的好坏主要从以下几个方面鉴定：感官评价、杂质含量、水分含量、各种营养成分的分析。感官评价是通过眼、鼻、手的感觉来评价饲料的质量。比如，对饲料的形状、气味、发霉与否、颜色、是否有虫、是否有杂质方面进行观察，即可初步判定饲料品质的好坏；水分是决定饲料能否保存的依据，也是判断饲料是否劣变的依据，因此测定水分含量是鉴定饲料品质的重要方面；饲料质量的好坏与影响质量的重要营养物质的含量有关。因此，测定饲料中的营养物质成分是评价其品质的重要依据。营养成分的测定需要专门的实验室完成。在养羊生产中，饲养员可根据常用饲料的感官评价对饲料品质进行鉴定，如需准确数据，可送往饲料分析测定实验室进行测定。

1. 干草的品质鉴定　干草品质的好坏，一般认为应根据干草的营养成分来评定，即通过化学分析方法，测定干草中水分、干物质、粗蛋白质、粗脂肪、粗纤维、无氮浸出物、粗灰分、维生素和矿物质含量，以及各种营养物质消化率来评价干草的品质。但在生产实践中由于条件的限制，往往采用感官判断的方法，一般情况下是根据干草的主要物理性质和含水量对干草进行品质鉴定和分级工作。

（1）*颜色气味*　干草的颜色是反映品质优劣最明显的标志。优质干草呈绿色，绿色越深，其营养物质损失就越小，品质就越好。适时刈制的干草都具有浓厚的芳香气味。如果干草有霉味或焦灼的气味，说明其品质不佳。

（2）*叶片含量*　干草中叶片的营养价值较高，所含的矿物质、蛋白质比茎秆中多1～1.5倍，胡萝卜素多10～15倍，纤维素少1～2倍，消化率高40%。干草中的叶量多，品质就好，鉴定时，取一束干草，看叶量的多少，就可确定干草品质的好坏。禾本科牧草的叶片不易脱落，优质豆科牧草的干草中叶量应占干草总重量的

50%以上。

(3)牧草发育时期　适时刈割调制是影响干草品质的重要因素,初花期或初花以前刈割,干草中含有花蕾,未结实花序的枝条较多,叶量也多,茎秆质地柔软,适口性好,品质也佳。若刈割过迟,干草中叶量少,带有成熟或未成熟的枝条量多,茎秆坚硬,适口性、消化率都下降,品质变劣。

(4)牧草组分　干草中各种牧草占的比例也是影响干草品质的重要因素,豆科牧草所占比例大,品质较好,杂草数量多时品质较差。

(5)含水量　干草的含水量应为15%～18%。如含水量较高时不宜贮藏。将干草束握紧或搓揉时无干裂声,干草拧成草辫松开时干草束散开缓慢,并且不完全散开,用手指弯曲茎上部不易折断为适宜含水量。干草束紧握时发出破裂声,草辫松手后迅速散开,茎易折断则说明太干燥,易造成机械损伤,草质较差。草质柔软,草辫松开后不散开,说明含水量太高,易造成草垛发热或发霉,草质较差。

2. 青贮饲料的品质鉴定　青贮饲料品质的优劣与青贮原料的种类、刈割时期及调制技术有密切的关系。优质青贮,一般经40天左右的发酵,就可以开窖饲喂。通过品质鉴定,可以检查青贮技术是否正确。

(1)青贮颜色　青贮饲料的颜色越接近原料的本色,品质越好。良好的青贮饲料呈草绿色或黄绿色;中等的呈黄褐色或暗绿色;低等的呈褐色或灰黑色,不能饲喂。

(2)青贮气味　具有芳香味和酒香气味则品质优良;酸味强烈,则含酸较多,酒香味不浓,品质较次;有腐败的苦臭和霉烂气味,则不宜饲用。

(3)青贮质地　在手中容易松散、质地软,略带湿润,茎叶保持原形,则品质优良;若茎叶黏成一团,腐烂如污泥,则品质不良,不能饲用。

(4)青贮 pH 值　用 pH 试纸测定，品质优良的青贮饲料 pH 值在 3.8～4.4。

根据青贮饲料的颜色、气味、质地、结构等的观察与触摸，评定其品质的优劣，见表 2-2。

表 2-2　青贮饲料感官鉴定标准

品质等级	颜　色	气　味	酸　味	结　构
优　良	青绿或黄绿色，有光泽，近于原色	芳香酒酸味	浓	湿润、紧密，茎、叶、花保持原样，易分离
中　等	黄色或暗褐色	有刺鼻酸味、香味淡	中等	茎、叶、花保持原样、柔软，水分稍多
劣　质	黑色、褐色或暗绿色	有特殊刺鼻臭味或霉味	淡	腐烂、污泥状，黏滑或成块，无结构

3. 氨化秸秆的品质鉴定　氨化秸秆品质鉴定主要依据颜色、结实程度和气味鉴定，一般分为 4 等。上等：呈棕色、褐色，草束易拉断，具有焦煳味。中等：呈金黄色，草束可拉断，无焦煳味。下等：颜色比原秸秆稍黄，草束不易拉断，无焦煳味。等外：有明显发霉现象。

氨化秸秆质地变软，颜色呈棕黄色或浅褐色，释放余氨后有煳香气味。如果秸秆颜色变白、灰色，发黏或结块等，说明秸秆已经霉变，不能再喂羊只。如果氨化后的秸秆与氨化前基本一样，说明没有氨化好。感官鉴定，简便易行，在生产实践中广泛应用。

4. 配合饲料、浓缩饲料、精料补充料和添加剂预混料　这些饲料应色泽一致，无霉变、结块及异味、异臭，有毒有害物质及微生物允许量应符合规定。所选用的添加剂应是农业部允许使用的饲料添加剂品种目录中所规定的品种和取得批准文号的新饲料添加剂品种。药物饲料添加剂使用应遵守《饲料药物添加剂使用规范》

（农业部公告第168号）的有关规定。肉羊饲料中不得添加《禁止在饲料和动物饮水中使用的药物品种目录》（农业部公告第176号）中规定的药物。

（五）肉羊的营养需要及饲养标准

肉羊的营养需要是指肉羊为正常生长、健康和获得理想的生产成绩，在适宜的环境条件下，对各种营养物质数量的要求。能量、蛋白质、粗纤维、矿物质和维生素是肉羊必需的5类营养物质。肉羊对这些营养物质的需要可分为维持需要和生产需要。维持需要是指羊为维持正常生理活动，体重不增不减，也不进行生产时所需的营养物质量。生产需要指羊在进行生长、繁殖、泌乳和产毛时对营养物质的需要量。

肉羊的饲养标准是根据肉羊的种类、性别、年龄、体重及生产水平的不同，通过实际生产中积累的经验，结合试验结果，规定出的每日每只应获得的各种营养物质量。

由于肉羊的饲料组成及生存环境变异性很大，因此在实际使用时应做一定的调整。

1. 营养需要

（1）能量营养需要　肉羊体内所需的能量来源于碳水化合物、脂肪和蛋白质三大类营养物质，最重要的能源是饲料中的碳水化合物。脂肪和脂肪酸提供的能量约为碳水化合物的2.25倍，但在饲料中的含量比较少，且价格较高，所以作为肉羊的能量提供物质并不占主要的地位。蛋白质和氨基酸在动物体内代谢也可以提供能量，但是从资源的合理利用及经济效益考虑，用蛋白质作能源价值昂贵，并且产生过多的氨，对肉羊机体有害，不宜作为能源物质。在配制日粮时尽可能通过碳水化合物提供能量。另外，肉羊在特殊的生理时期或高生产性能情况下，也可动用体内贮存的糖原、脂肪和蛋白质来供能，满足临时需要。

能量在肉羊体内的代谢过程如下：

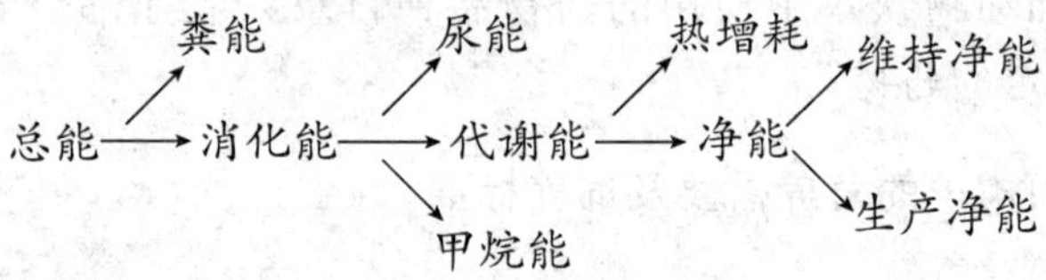

能量单位是焦耳(J)，1 兆焦(MJ)＝1 000 千焦(KJ)，1 千焦(KJ)＝1 000 焦耳(J)。

能量消化率＝消化能/总能　能量代谢率＝代谢能/总能

(2)蛋白质营养需要　蛋白质需要量目前主要使用的指标有粗蛋白质和可消化粗蛋白质。蛋白质的需要量分为维持需要量、泌乳需要量、生长需要量。蛋白质需要量单位为克。

(3)粗纤维营养需要　粗纤维容积大，性质稳定，消化需要的时间较长，能够有效地填充动物消化道，形成饱腹感。粗纤维颗粒粗糙，能够有效地刺激瘤胃壁，特别是网一瘤胃褶附近的区域，反射性地引起唾液分泌，增加唾液的分泌量，保证有足够的唾液进入瘤胃，以起到缓冲瘤胃内环境的作用。此外，羊只反刍时，粗纤维需要经过多次咀嚼，同样可以刺激唾液分泌。粗纤维可以刺激消化道黏膜，促进消化道的蠕动，促进未消化物质的排出，保证羊只消化道的正常功能。粗纤维在瘤胃内降解速度比较慢，产生的酸(主要是乙酸)能够被瘤胃壁充分吸收，不会造成瘤胃乳酸过量，更不会造成酸中毒。粗纤维在瘤胃微生物的降解过程中，还可以产生能量，供瘤胃微生物合成菌体，提供羊只合成葡萄糖和乳脂所需要的原料。

因此，在肉羊的饲料中必须含有一定量的粗纤维饲料。如果饲料中粗纤维的含量太低，会使反刍受阻甚至停止反刍、唾液分泌减少、瘤胃乳酸累积、真胃移位等病症。在饲养中，要重视饲料中精料和粗料的比例，适当饲喂一定量的粗饲料。

肉羊的日粮中粗饲料的含量一般在60%以上，一般不会出现上述病症。值得注意的是，肉羊的饲养正逐步由放牧向舍饲过渡，所以在饲养中要注意粗纤维含量不能太低。

(4)*矿物质营养需要*　至少15种矿物质元素是羊体所必需的，其中常量元素7种，包括钠、钾、钙、镁、氯、磷和硫；微量元素8种，包括碘、铁、钼、铜、钴、锰、锌和硒。这些矿物质是羊体组织(骨、牙、角、蹄等)、体液(血液、淋巴液)和乳汁不可缺少的重要组成部分，还在体内调节体液渗透压，保持细胞容积。作为体内许多酶的激活剂，影响羊体内能量、碳水化合物、蛋白质和脂肪的代谢，调节体内酸碱平衡等。矿物质营养缺乏或过量都会影响羊的生长发育、繁殖和生产性能，严重时导致羊只的死亡。

①钠、钾、氯：补饲食盐是对羊只补充钠和氯的最有效方法。食盐对羊很有吸引力，在自由采食的情况下常常超过羊只的实际需要量。一般认为在日粮的干物质中添加0.5%的食盐即可满足羊只对钠和氯的需要量。即每天每只补饲5～8克食盐。

肉羊要求钾占饲料干物质的0.5%～0.8%。在一般情况下，饲料中的钾可以满足肉羊的需要。

②钙和磷：钙和磷的消化与吸收关系极为密切，肉羊日粮要求钙、磷比例应为1～2∶1。

矿物质营养需要量单位用克表示。

肉羊所需微量元素主要有铁、铜、锰、锌、碘、钴、硒。微量元素需要量单位为毫克。

肉羊所需维生素主要有维生素A、维生素D、维生素E，维生素需要量单位为国际单位，以下简称单位。

2. 饲养标准　饲养标准是进行科学养羊的依据和重要参数，对于饲料资源的合理利用、充分发挥羊的生产潜力、降低饲养成本具有重要意义。饲养标准的内容分两部分：一是羊的营养需要量，二是各种饲料对羊的营养价值,这两部分必须结合使用。

(1)绵羊饲养标准　世界各国几乎都有自己的绵羊饲养标准,但被普遍接受和广泛使用的是美国 NRC 饲养标准。表 2-3 列出了 NRC(1985)绵羊的饲养标准。

表 2-3　美国 NRC(1985)绵羊的饲养标准　(每日每只)

体重(千克)	日增重(克)	采食量(千克)	消化能(千焦)	代谢能(兆焦)	粗蛋白质(克)	钙(克)	磷(克)	维生素 A(国际单位)	维生素 E(国际单位)
成年母羊维持									
50	10	1.0	10.1	8.4	95	2.0	1.8	2350	15
60	10	1.1	11.3	9.2	104	2.3	2.1	2820	16
70	10	1.2	12.1	10.0	113	2.5	2.4	3290	18
80	10	1.3	13.4	10.9	122	2.7	2.8	3760	20
90	10	1.4	14.2	11.7	131	2.9	3.1	4230	21
催情补饲(配种前 2 周至配种后 3 周)									
50	100	1.6	17.15	14.22	150	5.3	2.6	2350	24
60	100	1.7	18.40	15.06	157	5.5	2.9	2820	26
70	100	1.8	19.66	15.89	164	5.7	3.2	3290	27
80	100	1.9	20.49	16.73	171	5.9	3.6	3760	28
90	100	2.0	21.33	17.56	177	6.1	3.9	4230	30
妊娠前 15 周									
50	30	1.2	12.55	10.04	112	2.9	2.1	2350	18
60	30	1.3	13.88	10.87	121	3.2	2.5	2820	20
70	30	1.4	14.22	11.71	130	3.5	2.9	3290	21
80	30	1.5	15.06	12.55	139	3.8	3.3	3760	22
90	30	1.6	15.89	13.38	148	4.1	3.6	4230	24

续表 2-3

体重（千克）	日增重（克）	采食量（千克）	消化能（千焦）	代谢能（兆焦）	粗蛋白质（克）	钙（克）	磷（克）	维生素A（国际单位）	维生素E（国际单位）
妊娠最后 4 周（预计产羔率为 130%～150%）或哺乳单羔泌乳期后 4～6 周									
50	180	1.6	17.15	14.22	175	5.9	4.8	4250	24
60	180	1.7	18.40	15.06	184	6.0	5.2	5100	26
妊娠最后 4 周（预计产羔率为 130%～150%）或哺乳单羔泌乳期后 4～6 周									
70	180	1.8	19.66	15.89	193	6.2	5.6	5950	27
80	180	1.9	20.49	16.73	202	6.3	6.1	6800	38
90	180	2.0	21.33	17.56	212	6.4	6.5	7650	30
妊娠最后 4 周（预计最后产羔率为 180%～225%）									
50	225	1.7	20.07	16.73	196	6.2	3.4	4250	26
60	225	1.8	21.33	17.56	205	6.9	4.0	5100	27
70	225	1.9	22.58	18.4	214	7.6	4.5	5950	28
80	225	2.0	23.84	19.66	223	8.3	5.1	6800	30
90	225	2.1	25.09	20.91	232	8.9	5.7	7650	32
哺乳单羔前 6～8 周（哺乳双羔后 4～6 周）									
50	—25（90）	2.1	25.06	20.49	304	8.9	6.1	4250	32
80	—25（90）	2.6	30.95	25.51	344	9.5	7.4	6800	39
90	—25（90）	2.7	31.78	26.35	353	9.6	7.8	7650	40
哺乳单羔前 6～8 周									
50	—60	2.4	28.86	23.42	389	10.5	7.3	5000	36
60	—60	2.6	30.95	25.51	405	10.7	7.7	6000	39

续表 2-3

体重（千克）	日增重（克）	采食量（千克）	消化能（千焦）	代谢能（兆焦）	粗蛋白质（克）	钙（克）	磷（克）	维生素A（国际单位）	维生素E（国际单位）
哺乳单羔前6～8周									
70	－60	2.8	33.46	27.60	420	11.0	8.1	7000	42
80	－60	3.0	35.97	29.27	435	11.2	8.6	8000	45
90	－60	3.2	38.47	31.37	450	11.4	9.0	9000	48
青年母羊妊娠前15周									
40	160	1.4	15.06	13.38	156	5.5	3.0	1880	21
50	135	1.5	16.30	12.54	159	5.5	3.1	2350	22
60	135	1.6	17.15	14.22	161	5.5	3.4	2820	24
70	125	1.7	18.40	15.06	164	5.5	3.7	3290	26
妊娠后4周（预计产羔率为100％～120％）									
40	180	1.4	17.15	14.22	187	6.4	3.1	3400	22
50	160	1.5	18.4	15.06	189	6.3	3.4	4250	24
60	160	1.6	19.66	16.31	192	6.6	3.8	5100	26
70	160	1.7	20.91	17.15	194	6.8	4.2	9590	27
妊娠后4周（预计产羔率为130％～175％）									
40	225	1.5	18.40	15.06	202	7.4	3.5	3400	22
50	225	1.6	19.66	15.89	204	7.8	3.9	4250	24
60	225	1.7	20.49	16.73	207	8.1	4.3	5100	26
70	225	1.8	20.91	17.15	210	8.2	4.7	5900	27
哺乳单羔前6～8周（羔羊8周断奶）									
40	－50	1.7	20.49	16.73	257	6.0	4.3	3400	26
50	－50	2.1	25.51	20.91	282	6.5	4.7	4250	32
60	－50	2.3	28.02	23.00	295	6.8	5.1	5100	34
70	－50	2.5	30.53	25.09	301	7.1	5.6	5400	38

续表 2-3

体重（千克）	日增重（克）	采食量（千克）	消化能（千焦）	代谢能（兆焦）	粗蛋白质（克）	钙（克）	磷（克）	维生素 A(国际单位)	维生素 E(国际单位)
哺乳双羔前 6～8 周(羔羊 8 周断奶)									
40	－100	2.1	26.76	21.75	306	8.4	5.6	4000	32
50	－100	2.3	29.27	23.84	321	8.7	6.0	5000	34
60	－100	2.5	31.78	25.93	336	9.0	6.4	6000	38
70	－100	2.7	34.29	27.60	351	9.3	6.9	7000	40
育成母羊									
30	227	1.2	14.22	11.71	185	6.4	2.6	1410	18
40	182	1.4	16.73	13.80	176	5.9	2.6	1880	21
50	120	1.5	16.31	13.38	136	4.8	2.4	2350	22
60	100	1.5	16.31	13.38	134	4.5	2.5	2820	22
70	100	1.5	16.31	13.38	132	4.6	2.8	3290	22
育成公羊									
40	330	1.8	20.91	17.15	243	7.8	3.7	1880	24
60	320	2.4	28.02	23.00	263	8.4	4.2	2820	26
80	290	2.8	32.62	26.76	268	8.5	4.6	3760	28
育肥幼羊(4～7 月龄)									
30	295	1.6	17.15	14.22	191	6.6	3.2	1410	20
40	275	1.6	22.58	18.40	185	6.6	3.3	1880	24
50	205	1.6	22.58	18.40	160	5.6	3.0	2350	24

续表 2-3

体重（千克）	日增重（克）	采食量（千克）	消化能（千焦）	代谢能（兆焦）	粗蛋白质（克）	钙（克）	磷（克）	维生素 A(国际单位)	维生素 E(国际单位)
早期断奶羔羊(生长潜力中等)									
10	200	0.5	7.53	5.85	127	4.0	1.9	470	10
20	250	1.0	14.64	12.13	167	5.4	2.5	940	20
30	300	1.3	18.40	15.06	191	6.7	3.2	1410	20
40	350	1.5	21.33	17.56	202	7.7	3.9	1880	22
50	400	1.5	21.33	17.56	181	7.0	3.8	2350	22
早期断奶羔羊(生长潜力高)									
10	250	0.6	8.78	7.11	157	4.9	2.2	470	12
20	300	1.2	16.72	13.79	205	6.5	2.9	940	24
30	325	1.4	20.06	16.72	216	7.2	3.4	1410	21
40	400	1.5	20.90	17.14	234	8.6	4.3	1880	22
50	425	1.7	23.83	19.65	240	9.4	4.8	2350	25
60	350	1.7	23.83	19.65	240	8.2	4.5	2820	25

注：在使用该标准时应注意以下事项：

(1)消化能转化为代谢能的效率设定为 0.82

(2)饲料的维持净能和生长净能浓度同饲料的代谢能浓度的关系为：

$$NE_M = 1.37ME - 0.138ME^2 + 0.0105ME^3 - 0.12$$

$$NEg = 1.42ME - 0.174ME^2 + 0.01022ME^3 - 1.65$$

式中 NE_M 和 NEg 分别表示维持净能和生长净能，ME 表示代谢能。此式不适用于颗粒饲料

(3)妊娠前 15 周用的营养需要中包括维持正常的毛生长和很小的体重增加。代谢能用于妊娠的效率为 0.17

(4)标准中没有列出泌乳后 6～8 周的饲养标准，但建议由于该时期泌乳量降低(约为前 6～8 周的 30%～40%)，所以应根据体况适当减少供给

(5)对泌乳羊而言，按该标准饲养应有一定的体重减少

(6)该标准中所指活体重是指早晨饲喂前的活体重

(7)该标准较适用于舍饲绵羊，对放牧绵羊应做适当调整

(2)中国美利奴羊饲养标准　我国对羊进行营养需要研究起始于20世纪80年代,经过10多年的努力,于80年代末、90年代初完成了湖羊、萨能奶山羊、内蒙古细毛羊、新疆细毛羊、中国美利奴羊和大、小尾寒羊的饲养标准的制定工作。由于各方面条件的限制,一些营养物质的重要参数大都是借用国外文献数据,同时一些数据也是在舍饲条件下获得的。因此,对我国以放牧为主的养羊生产的实际指导较差。在此只列出中国美利奴羊的饲养标准(表2-4至表2-7)供参考。

表2-4　中国美利奴羊泌乳母羊的饲养标准　(每日每只)

体重(千克)	泌乳量(千克)	干物质(千克)	代谢能(兆焦)		粗蛋白质(克)	
	泌乳前40～50天		A*	B*	A*	B*
40	0.8	1.8	13.73	15.20	214	222
	1.0		15.07	16.54	232	240
	1.2		16.42	17.88	251	259
45	0.8	1.8	14.53	15.99	226	234
	1.0		15.83	17.33	244	252
	1.2		17.17	18.63	263	271
50	0.8	1.9	15.28	16.74	234	242
	1.0		16.62	18.09	251	259
	1.2		17.92	19.43	269	277
55	0.8	2.0	16.04	17.50	242	250
	1.0		17.42	18.84	261	269
	1.2		18.67	20.14	280	288
60	0.8	2.1	16.75	18.21	250	258
	1.0		18.09	19.55	269	277
	1.2		19.38	20.89	288	296
	1.4		20.72	22.19	306	314

续表 2-4

体重（千克）	泌乳量（千克）	干物质（千克）	代谢能（兆焦）		粗蛋白质（克）	
	泌乳前 40～50 天		A*	B*	A*	B*
65	0.8	2.2	17.46	18.92	259	267
	1.0		18.80	20.26	278	286
	1.2		20.10	21.56	297	301
	1.4		21.40	22.90	315	323

注：A*，B* 表示不同饲养水平

表 2-5 中国美利奴羊种公羊的饲养标准 （每日每只）

体重（千克）	干物质（千克）	代谢能（兆焦）	粗蛋白质（克）
非配种期			
70	1.7	15.90	230
80	1.9	17.58	253
90	2.0	19.26	284
100	2.2	20.93	300
110	2.4	22.61	323
120	2.5	23.86	345
配种期			
70	1.8	17.58	334
80	2.0	19.26	368
90	2.2	21.35	403
100	2.4	23.03	437
110	2.6	24.70	470
120	2.7	26.38	500

表 2-6　中国美利奴羊育成羊的饲养标准　（每日每只）

体重(千克)	日增重(克)	干物质(千克)	维持代谢能(兆焦)	粗蛋白质(克)
育成母羊				
20	100	0.74	7.74	79.8
	150	0.93	9.75	94.4
30	100	0.91	9.59	91.9
	150	1.12	11.79	106.4
40	100	1.08	11.35	102.9
	150	1.31	13.74	117.4
50	100	1.24	13.06	113.3
	150	1.49	15.68	127.8
育成公羊				
20	100	0.75	8.03	113.8
	150	0.95	10.01	132.2
30	100	0.96	9.56	132.2
	150	1.16	12.01	150.4
40	100	1.12	11.09	148.8
	150	1.35	14.21	167.1
50	100	1.30	13.62	164.5
	150	1.55	16.24	182.9
60	100	1.47	15.39	179.4
	150	1.74	18.26	197.8
70	100	1.63	17.14	193.8
	150	1.93	20.29	212.2

表 2-7　中国美利奴羊幼羊肥育饲养标准　（每日每只）

体重(千克)	日增重(克)	干物质(千克)	代谢能(兆焦)	粗蛋白质(克)
20	100	0.9	5.82	126
	150	0.9	6.32	139
	200	0.9	6.81	154

续表 2-7

体重(千克)	日增重(克)	干物质(千克)	代谢能(兆焦)	粗蛋白质(克)
25	100	1.1	8.88	159
	150	1.1	9.38	173
	200	1.1	9.88	186
30	100	1.3	11.93	192
	150	1.3	12.43	206
	200	1.3	12.90	219
35	100	1.5	14.99	224
	150	1.5	15.45	238
	200	1.5	15.95	252

表 2-8　中国美利奴羊妊娠母羊的饲养标准　(每日每只)

体重(千克)	干物质(千克)	代谢能(兆焦)	粗蛋白质(克)	维持代谢能(兆焦)
妊娠前 15 周				
40	1.2	8.74	122	6.87
45	1.3	8.75	134	7.49
50	1.4	9.55	145	8.08
55	1.5	10.34	156	8.71
60	1.6	11.10	166	9.29
65	1.7	12.60	176	9.84

三、兽医知识

(一)观察健康状况

羊的健康状况直接影响肉羊的生产能力,对疾病发现较晚或治疗不及时,就很容易造成继发性感染或传染。因此,饲养员要注意观察羊群,掌握识别健康羊及可疑病羊的简易方法,以便及早治疗,减少损失。

1. 食欲 羊的食欲好坏直接反映健康状况，任何疾病因素首先影响羊的食欲。健康羊放牧时跟群，争先采食，游走速度快，回圈补饲也争着吃。而病羊总是行走慢、掉群、采食几口就停下来呆立，补饲时怕挤、靠边站或卧地不起。如食欲减退便是病态，食欲废绝则病情严重。

2. 反刍、嗳气 健康羊饲后30分钟即开始出现反刍，每次反刍持续30～40分钟，每一食团咀嚼50～70次，每昼夜反刍6～8次。病羊有的出现反刍减少，即食后反刍时间推迟，每次反刍持续时间短，食团咀嚼次数也少；有的呈现反刍停止，即食后长时间不反刍。多见于高热，严重的前胃与真胃疾病或肠炎。嗳气也是羊的一种正常生理现象，是由瘤胃产生的气体压迫瘤胃后背盲囊而引起的一种反射运动。正常羊在休息时可观察到颈部食管自下而上的逆蠕动波，即为嗳气的动作。如瘤胃功能发生障碍嗳气即减少。嗳气停止与食欲废绝、反刍消失同时发生，可能导致瘤胃臌胀。嗳气增强则是瘤胃内发酵旺盛或瘤胃功能增强的结果。

3. 粪、尿 观察羊的排粪、尿的动作、姿势、形状、硬度、色泽及附着物。健康羊粪便呈小球状，表面湿润光滑，灰黑色，软硬适中，没有难闻的气味。当发生肠炎、肠毒血症、某些传染病或寄生虫病时，其粪便呈稀粥状或稀水样，有时还混有气泡、黏液、血液，味恶臭。如排出的是灰白色或灰黄色稀便，多为羔羊痢疾。如排粪次数减少、粪球干小、落地后用手难以压碎或排便停止，则多为便秘。如果粪便呈现褐色，则多为前部消化道出血；粪便呈暗红色则多为后部消化道出血。粪内混有完整的谷粒或粗硬纤维时，则消化不良。混有纤维素膜时，是纤维素性肠炎的症状。当混有寄生虫或节片时，证明体内有寄生虫寄生。

健康母羊排尿时后肢开张、举尾、拱背，在腹肌的帮助下，膀胱收缩将尿排出。公羊只靠尿道的收缩就可将尿排出。排尿时羊如果表现不安，回顾腹部，摇尾，可能尿道有急性炎症。正常羊每日排尿3～4次，尿液清亮无色，有时稍呈黄色。如排尿次数和尿量过多、过少、尿液变色、失禁或尿闭均为有病的征候。尿液如呈红色，说明尿道有出血或红细胞大量破坏而产生血红蛋白尿。在急性肾炎或化脓性肾盂肾炎时，其尿液浑浊，有时呈乳白色。

4. 外貌 健康羊的眼睛明亮有神，眼球转动自如，眼皮灵活。正常情况下鼻镜湿润，口、鼻、外阴部没有异常分泌物。皮肤有弹性，毛被富有光泽，不易脱落。膘情及营养良好，肋和臀部肌肉丰满。从精神上看，反应灵敏，行动活泼轻快，头高抬，生人接近时就会迅速走开，步伐稳健、灵活，躺卧时身体舒展。

5. 膘情 一般根据羊的肩前淋巴结、毛被变化及秋季羊只体毛挂霜情况等鉴定膘情和肥度。

(1)检查肩前淋巴结 绵羊、山羊蓄积脂肪的部位主要在腹内和前驱。肩前淋巴结的大小变化可证明脂肪蓄积的多少。秋季肩前淋巴结有鹅卵大小时，说明羊膘最好，母羊能很好地过冬。只有小鸡卵大小时，膘情就差。如只有杏核大小，羊只过冬就困难。

(2)检查毛被变化 毛被的变化代表着营养好坏。当春季营养不良时，毛上的附着物少，毛干而灰暗，且蓬松凌乱。吃上青草以后，随着膘情的好转，皮脂腺分泌物多，毛色光润发亮，毛开始变粗，这是膘情好转的开始，当皮肤紧张，毛的顶部弯曲很明显，说明这时羊已满膘。

(3)毛被挂霜 主要反映山羊的肥度。在秋后的早晨，观察饲养在露天羊圈里的羊群，膘好的羊身上挂一层霜，肥度越好挂霜就越多。这是因为羊皮下脂肪多，毛粗而密，油汗多，体热散失少而慢，霜能在身上挂住。而瘦羊体热散失快，霜很快会被融化，挂不住。

(二)基本技能

1. 保定 许多管理工作需要把羊保定好才能进行。如果保定不当，羊挣扎乱动易出差错。正确保定方法是用两腿把羊颈夹在中间，并用双膝盖紧紧抵住被保定羊的肩部，使其不能前进，也不能后退，以便对羊只进行各种测量。另外，保定人员也可站在羊的一侧，一只手夹住羊的颈部或下颌，另一只手把住羊的后臀，使羊靠住保定人的腿部即可。

2. 消毒 严格的卫生和消毒制度，是防止羊病的重要环节。要经常保持羊舍、用具、饲料和饮水的清洁卫生，羊场和羊舍门口要有消毒设施。

饲养员应严格遵守羊场或当地兽医技术人员制订的消毒制度，定期对羊舍地面、墙壁、粪便、污水等进行消毒。常用消毒药有10％～20％石灰乳、10％漂白粉溶液、0.5％～1％次氯酸钠、0.5％过氧乙酸等。消毒药液的配制和操作需在兽医人员的指导下进行。一般将消毒液按使用说明稀释后装入喷雾器中，喷洒地面、墙壁和天花板，然后用清水刷洗饲槽等用具，除去消毒药味，确保安全。每年春、秋季各消毒 1 次。产羔季节应在产羔前后分别对产房消毒。

粪便污物采用生物热消毒法，在远离羊舍的地方设一堆粪场，将清理出来的粪便、污物堆积起来，上面覆盖 10 厘米厚的泥土，发酵后作肥料。

污水消毒时先将污水引入污水处理池，每升污水加入2～5 克漂白粉。也可用生石灰进行消毒。

3. 耳号 羔羊进行编号对准确实施配种计划和适时淘汰羊是必要的。羊编号常见的方法有戴耳标法、剪耳法等。

(1)耳标法 耳标一般用铝或塑料制成，铝制的为圆形，塑料制的为长方形，标记编号用来记载羊的品种或类型、鉴定等级、出生年月、个体序号和性别等。编号方法是第一位字母代表该羊的品种或类型的英文或字头；第二位字母为该羊的鉴定等级，常用A、B、C、D 表示；第三位数字为该羊的出生年份，用年份的最后一个数字来表示；其后一组数字(其位数取决于羊群大小)为羊的个体序号,最好按出生序号表示,一般是公单母双。例如,SA8006是指1998年出生的006号萨福克绵羊A级母羊。铝制耳标可将羊号用特制的钢字钉打印,而塑料耳标则用记号笔直接写上。打耳标时用耳标钳,要注意消毒好,并且要避开血管。

(2)剪耳号法　其优点是不用捕捉羊就能从远处看清标号。具体操作方法是:先固定羊,再用"V"形耳剪和打洞器标号,最后用5%碘酊消毒。编号口诀为"左大右小,上1下3",具体编号方法是左耳缺上方为10,下方为30,耳尖为200,中间打洞为800;右耳缺上方为1,下方为3,耳尖为100,中间打洞为400。例如,某羊左耳尖剪1个缺口,左耳上方剪2个缺口,右耳上方剪1个缺口,右耳下方剪1个缺口,则该羊为224号。

4. 药浴　为驱除羊体外寄生虫,预防疥癣等皮肤病的发生,每年要在春季放牧前和秋季舍饲前进行药浴。药浴的方法主要有池浴、大锅或大缸浴等,具体选择哪种方法,要根据羊只数量和场内设施条件而定。在较大规模的羊场内采用药浴池较为普遍。

(1)药液配制　用0.05%的辛硫磷溶液最好。辛硫磷溶液配制方法是:使用50%的辛硫磷乳油100克加水100升,水温25℃～30℃,药浴1～2分钟,一般50克乳油配制成的药液可药浴羊14只。

(2)羊药浴时应注意的事项　第一次药浴后间隔1周再进行1次,残液要泼洒到羊舍内;药浴前8小时停止放牧或饲喂,入浴前2～3小时给羊饮足水,以免羊吞饮药液中毒;让健康的羊先浴,有疥癣等皮肤病的羊最后浴;凡妊娠2个月以上的母羊暂不进行药浴,以免流产;要注意羊头部的药浴,无论采用何种方法药浴,必须把羊头浸入药液1～2次;药浴后的羊应赶入凉棚或宽敞棚舍内,6～8小时后方可喂草料。

5. 驱虫　驱虫的目的是减少内寄生虫对机体的不利影响。一般对寄生虫感染较重的羊群,可在2～3月份提前1次治疗性驱虫，待剪毛药浴后，再进行1次普遍性驱虫；对寄生虫感染较重的地区，还应在入冬前再驱虫1次。驱虫后的羊群，应立即转到新的草场放牧，以防重新感染。常用的驱虫药物有四咪唑、驱虫净、丙硫咪唑、虫克星（阿维菌素）等。其中丙硫咪唑又称抗蠕敏，是效果较好的新药，口服剂量为每千克体重15～20毫克，对线虫、吸虫、绦虫等有较好的治疗效果。研究表明，针对性地选择驱虫药物，或交叉使用2～3种驱虫药，或重复使用2次等都会取得更好的驱虫效果。

6. 免疫接种 免疫接种是激发羊体产生特异性抵抗力，使其对某种传染病从易感转化为不易感的一种手段，有组织有计划地进行免疫接种，是预防和控制羊传染病的重要措施之一。目前，我国用于预防羊主要传染病的疫苗有以下几种：

（1）无毒炭疽芽孢苗 预防羊炭疽。绵羊皮下注射0.5毫升，注射后14天产生坚强免疫力，免疫期1年。山羊不能用。

（2）2号炭疽芽孢苗 预防羊炭疽。绵羊、山羊均皮下注射1毫升，注射后14天产生免疫力，免疫期1年。

（3）炭疽芽孢氢氧化铝佐剂苗 预防羊炭疽。此苗一般称浓芽孢苗，系无毒炭疽芽孢苗或2号炭疽芽孢苗的浓缩制品。使用时，以1份浓苗加9份20%氢氧化铝胶稀释剂，充分混匀后即可注射。其用途、用法与各自芽孢苗相同。使用该疫苗一般可减轻注射反应。

（4）布鲁氏菌猪型2号弱毒苗 预防羊布鲁氏菌病。山羊、绵羊臀部肌内注射0.5毫升（含菌50亿个）；阳性羊、3月龄以下羔羊和妊娠羊均不能注射。饮水免疫时，用量按每只羊服200亿个菌体计算，2天内分2次饮服。免疫期，绵羊1年半，山羊1年。

（5）布鲁氏菌羊型5号苗 预防羊布鲁氏菌病。羊群室内气雾免疫，按室内空间计算，用量为50亿个菌/米^3，喷雾后停留30分钟；按室外羊只数计算，每只羊50亿个菌，喷雾后原地停留20

分钟。也可将疫苗稀释成50亿个菌/毫升,每只羊注射10亿个菌。免疫期1年。

(6)破伤风明矾类毒素　预防破伤风。绵羊、山羊颈部皮下注射0.5毫升。平时均为1年注射1次;遇有羊受伤时,再用相同剂量注射1次。若羊只受伤严重,应同时在另一侧颈部皮下注射破伤风抗毒素,即可防止发生破伤风。该类毒素注射后1个月产生免疫力,免疫期1年。翌年再注射1次,免疫力可持续4年。

(7)破伤风抗毒素　供羊只紧急预防或治疗破伤风之用。皮下或静脉注射,治疗时可重复注射1至数次。预防剂量:1万～2万单位/只;治疗剂量:2万～5万单位/只。免疫期2～3周。

(8)羊快疫、羊猝殂、羊肠毒血症三联苗　预防羊快疫、羊猝殂、羊肠毒血症。成年羊和羔羊一律皮下或肌内注射5毫升,注射后14天产生免疫力,免疫期1年。

(三)应急措施

1. 助产及难产的处理

(1)助产　母羊产羔时,一般不需助产,最好让它自行产出。接羔人员应观察分娩过程是否正常,当羔羊不能顺利产下时要及时助产,并对产道进行必要的保护。一般初产母羊因骨盆狭窄,阴道过窄,胎儿过大或因母羊体弱无力,子宫收缩无力或胎位不正等均会造成难产。因此应适时予以助产。一般当羔羊嘴已露出阴门后,两手用力捏挤母羊尾根部,羔羊头部就会被挤出来,同时用手拉住羔羊的两前肢顺势向后下方轻拖,羔羊即可产出。

母羊阴道狭窄、胎儿过大、胎位不正等均可引起难产。若羊膜破水30分钟后羔羊仍未产出,或仅露蹄和嘴,母羊又无力努责、胎膜也未出来,应及时助产。助产人员应先将手指甲剪短磨光,手臂用肥皂洗净,再用来苏儿水消毒,涂上润滑剂。如胎儿过大可用手随着母羊的努责,握住胎儿的两前蹄,慢慢用力拉出;或随着母羊的努责，用手向后上方推动母羊腹部，这样反复几次，就能产出。如果胎位不正，头出前肢不出、前肢出头不出、后肢先出、胎儿上仰、臀部先出、四肢先出等时先将母羊后躯抬高，弄清楚属于哪种不正常胎势，然后将胎儿露出部分推回，手入产道摸清胎位，慢慢帮助纠正成顺胎位，然后随母羊有节奏地努责，将胎儿轻轻拉出。

(2)假死羔羊的处理　羔羊产出后，只有心脏跳动而没有呼吸时，称为假死。假死的原因主要是羔羊吸入羊水，或分娩时间较长，在子宫内缺氧等。假死羔羊的处理方法有两种：一种是提起羔羊两后肢，使羔羊悬空并拍击其背、胸部；另一种是让羔羊平卧，用两手有节律地推压胸部两侧。处理前将羔羊口鼻中的污物擦净。短时假死的羔羊，经过处理后，一般能复苏。

2. 急症的处理　饲养员是羊场第一劳动者，应勤观察羊群状况，发现可疑情况及时报告相关人员。当羊场发生重大传染病时应听从兽医人员的指挥，做好羊的隔离、转群、消毒、淘汰处理等工作。对羊的急症应具备识别和处置的能力，以免延误治疗。

(1)中毒病羊的急救处理

①有机磷中毒：有机磷农药种类很多，如甲拌磷、对硫磷等。有机磷农药有较高的脂溶性，可经皮肤渗入机体，通过消化道和呼吸道被较快吸收。羊的中毒常因误食喷洒有机磷农药的种子；应用有机磷杀虫剂防治羊体外寄生虫，剂量过大或使用方法不当；羊接触有机磷杀虫剂污染的各种工具、器皿等，从而发生中毒。

病羊临床以流涎、腹泻和肌肉强直性痉挛等为特征。病羊表现精神沉郁或狂躁不安，流涎，流泪，咬牙，口吐白沫，瞳孔缩小，眼球颤动，食欲消失，腹痛，反刍停止，严重腹泻，粪便带血，心跳、呼吸次数增加，呼吸困难，体温一般正常；全身发抖，痉挛，运动失调后失去平衡，步态不稳，卧地不起，如不及时抢救，常因呼吸麻痹而窒息死亡。

治疗：应尽快清除胃内毒物。先灌服泻剂，如硫酸镁或硫酸钠 30～40 克、加水适量 1 次内服。及时应用特效解毒剂，解磷定每千克体重 15～30 毫克，溶于 5%葡萄糖注射液 100 毫升中静脉注射。或用硫酸阿托品 10～30 毫克肌内注射，如不见好转可重复注射解磷定和硫酸阿托品。

②氢氰酸中毒：主要由于羊只采食过量的高粱苗、玉米苗、胡麻苗等，在胃内由于酶的水解和胃酸作用，产生游离的氢氰酸而致病。此外，误食氰化物（氰化钠、氰化钾、氰化钙）也可引发本病。

该病发病迅速，多在采食含氰苷的饲料后 15～20 分钟出现症状。首先出现腹痛不安，瘤胃臌气，呼吸、心跳加快，可视黏膜鲜红（这与亚硝酸盐中毒，血液呈暗褐色有明显的区别），常呼出带有杏仁味的气体，口流白色泡沫状唾液；先表现兴奋状态很快转入沉郁状态，随后出现极度衰弱，步态不稳、倒地；严重者体温下降，后肢麻痹、肌肉痉挛，瞳孔散大，全身反射减弱甚至消失，心搏动徐缓，脉细弱，呼吸浅微，直至昏迷而死亡。

发病后立即用亚硝酸钠 0.2～0.3 克，对入 10%葡萄糖注射液 50～100 毫升，缓慢静脉注射；然后再用 10%硫代硫酸钠溶液 10～20 毫升，静脉注射。也可配合口服 0.1%高锰酸钾溶液100～200 毫升。

③亚硝酸盐中毒：许多富含硝酸盐的饲料，如甜菜、萝卜、马铃薯等块茎类，以及油菜、小白菜、菠菜、青菜等叶菜类，在加工、调制过程中方法不当，或保存不好，发生腐烂或堆放发热，使硝酸盐还原产生大量亚硝酸盐，羊采食后引起中毒；羊大量采食富含硝酸盐的饲草，经瘤胃微生物作用也可生成亚硝酸盐引起中毒。

羊在大量采食后 0.5～4 小时内突然发病。本病的早期症状是尿频。病羊初期呼吸增快，以后变为呼吸困难，眼结膜发绀。脉速而弱，血液呈咖啡或酱油色。表现精神沉郁，肌肉震颤，站立不稳，步态蹒跚。严重时角弓反张，全身无力，卧地不起，体温下降至常温以下，倒地痉挛，口吐白沫，常于 12～24 小时内死亡，慢性中毒时，病羊出现发育不良，腹泻、跛行、虚弱、受胎率低、流产等。

治疗：用特效解毒剂。1%美蓝注射液（美蓝1克，纯酒精10毫升，生理盐水90毫升），每千克体重0.1～0.2毫升静脉注射；或用5%甲苯胺蓝注射液，每千克体重0.1～0.2毫升，静脉注射或肌内注射；同时应用5%维生素C注射液60～80毫升，静脉注射，以及静脉注射50%葡萄糖注射液300～500毫升。向瘤胃内投入抗生素以及大量饮水，阻止微生物对硝酸盐的还原作用。可用泻剂，加速消化道内容物的排出，以减少对亚硝酸盐及其他毒物的吸收，并补氧、强心及解除呼吸困难。中药治疗用绿豆粉500～700克，干草末100克，开水冲调，灌服。

④霉变饲料中毒：羊采食因受潮而发霉的饲料，引起羊只中毒，有毒的真菌主要有：黄曲霉菌、棕曲霉菌、黄绿霉菌等。

真菌中毒羊精神不振，停食，后肢无力，步履蹒跚，但体温正常；从直肠流出血液，可视黏膜苍白，出现中枢神经症状等。

发现羊只中毒，应立即停喂发霉饲料。内服泻剂，可用液状石蜡或植物油200～300毫升，1次灌服，或硫酸镁（钠）50～100克溶于500毫升水中，1次灌服，以排出毒物。然后用黏浆剂和吸附剂如淀粉100～200克、木炭末50～100克或1%鞣酸内服以保护胃肠黏膜；静脉注射5%糖盐水250～500毫升或40%乌洛托品注射液5～10毫升，每日1～2次，连用数日。心脏衰弱者可肌内注射10%安钠咖注射液5毫升，出现神经症状者肌内注射氯丙嗪注射液，每千克体重1～3毫克。

⑤瘤胃酸中毒：由于羊只采食精饲料过多或采食过量谷物饲料，或长期饲喂酸度过高的青贮饲料而引起瘤胃内乳酸增多，进而导致以前胃炎症为主的全身性酸中毒病。

发病特别急剧，常在无任何症状的情况下，于采食后3～5小时内突然死亡。急性病例，病羊行动迟缓，步态不稳，呼吸急促，每分钟40～60次，心跳加快，每分钟100次以上，气喘，常于发病后1～3

小时内死亡。病情较缓的，精神高度沉郁，食欲废绝，反刍停止，鼻镜干燥，无汗，眼球下陷，肌肉震颤，走路摇晃。有的排黄褐色或黑色、黏性稀粪便、有时含有血液，少尿或无尿；卧地不起，初卧地时多呈犬坐姿势，不久就横卧地上，上肢强直，双目紧闭，头有时向背部弯曲或甩头，呻吟，磨牙，体温正常或稍高，心跳加快，伴发肺气肿。

治疗：排除瘤胃内积存的食物，中和瘤胃中的酸性物质，补充体液，对症治疗。因采食大量谷物或精饲料而致病的，可施行瘤胃切开术，取出食物。口服氢氧化钙溶液（生石灰水，取上清液灌服），以中和瘤胃中的乳酸及其他挥发性脂肪酸。补充体液（由复方氯化钠注射液、5%糖盐水、生理盐水组成）。每次 1 000 毫升，每天 1～2 次，同时补加 5%碳酸氢钠注射液，以解除体内积存的酸性物质。为控制和消除炎症，可注射抗生素，如青霉素、链霉素、四环素。当病羊不安，严重气喘或休克时，可静脉注射山梨醇或甘露醇，剂量 150～250 毫升，每天早、晚各 1 次。病羊全身中毒减轻，脱水有所缓解，但仍卧地不起时，可适当注射水杨酸类或低浓度（5%以内）钙制剂。

⑥过食谷物中毒：羊食入过多的谷物（大麦、小麦、玉米等）或其他富含碳水化合物饲料（如甜菜、饲料甜菜、甘蓝、土豆等），在瘤胃中迅速积聚大量乳酸而引起急性消化紊乱，酸中毒和脱水为主要特征的疾病。

绵羊一般于饱食谷物或富含碳水化合物饲料的 1～3 天内出现症状，往往于饱食后 4～8 小时发病，病羊精神沉郁，喜卧，结膜微红，口腔干燥，食欲及瘤胃蠕动废绝，反刍停止，轻度臌胀。眼球下陷，尿少或无尿。体温轻度升高或正常，脉搏和呼吸加快，拱腰、呻吟和不愿走动。继发蹄炎者出现跛行。脱水严重者如不及时急救，可能很快死亡。轻症病羊，常能耐过，但病期延长者亦多死亡。

采用石灰水瘤胃冲洗法效果良好。先用开口器将羊口张开，将小胃管（外径 1.2～1.4 厘米，内径 0.8～1 厘米）经口插入瘤胃内，排出液体内容物，然后用石灰水（生石灰 0.5 千克，加水 2.5 升，充分搅拌，澄清后取其上清液）1～2 升，反复冲洗，直至瘤胃液呈碱性为止，最后再灌入石灰水 0.5～1 升。对严重脱水的病羊，应先行输液，然后再洗胃。补液可用下述处方：5%糖盐水 1 升、5%碳酸氢钠注射液 200 毫升、0.5%樟脑水注射液 10 毫升混合，1 次静脉注射，必要时 1 日 2 次。

⑦马铃薯中毒：用生马铃薯皮（尤其是发绿的）或腐败的马铃薯喂羊时量过大；春季种马铃薯时，将发出的芽或腐败的块根未加处理，被羊误食会引起中毒。

羊马铃薯中毒时，体温正常或稍高。轻症多表现流涎、瘤胃臌胀，有时尚可出现腹痛，初便秘，后腹泻甚至便血，精神沉郁甚至嗜睡；中毒剧烈者以神经症状为主，在短期兴奋不安后，很快转入沉郁，进而后肢无力，共济失调，步态蹒跚，甚至四肢麻痹，呼吸困难，心脏衰弱，结膜发绀，最后昏迷，一般2～3 天死亡。

发现症状后应立即停喂马铃薯，灌服食醋；为减少龙葵素的吸收及保护胃肠黏膜，可投服 1%的鞣酸 100～300 毫升；内服油类泻剂，促进胃肠内容物的排出；静脉注射高渗葡萄糖液及进行必要的对症治疗。

⑧尿素中毒：尿素饲喂量过大、浓度过大，或溶于水饮用，喂后大量饮水、尿素保存不好，被羊偷吃饲料，缺乏碳水化合物或过于单一均可引起中毒。

尿素中毒羊表现不安，肌肉震颤，流涎，不久出现步态不稳，卧地，瘤胃臌胀，腹痛，反刍及瘤胃蠕动停止，反复发生强直性痉挛和角弓反张，眼球震颤，呼吸困难，心跳加快，出汗，体温下降，皮温不匀，肛门松弛，瞳孔散大，最后窒息而死。全病程不过 1 小时左右。

治疗：可灌服食醋 0.25 升，或醋酸 10 毫升加水 200～300 毫升，1 次投服，以抑制瘤胃中脲酶的活性，并中和氨。静脉注射高渗葡萄糖注射液，10%葡萄糖酸钙或 10%硫代硫酸钠注射液。内服硫酸镁导泻。当瘤胃臌胀严重时，应进行瘤胃穿刺。如臌胀不太严重时，在投服泻剂时加入兴奋瘤胃蠕动及制酵的药物。

(2)其他常见疾病的处理

①瘤胃积食：是瘤胃充满多量食物，胃容积增大，胃壁急性扩张，食糜滞留在瘤胃引起严重消化不良的疾病。该病临床特征为反刍、嗳气停止，瘤胃坚实，腹痛，瘤胃蠕动极弱或消失。

该病主要是因羊吃了过多的饲料，如苜蓿、青绿饲料、豆科牧草和谷物精料或劣质的粗饲料（玉米秸秆等）；采食干料，饮水不足，也可引起该病的发生。

瘤胃积食发病较快，采食、反刍停止，病初不断嗳气，随后嗳气停止，腹痛摇尾，或后蹄踏地，拱背，咩叫。后期病羊精神委靡。左侧腹部轻度膨大，肷窝略平或稍凸出，触诊硬实。瘤胃蠕动初期增强，以后减弱或停止，呼吸促迫，脉搏增数，黏膜发绀。严重者可见脱水，发生自体酸中毒和胃肠炎。

治疗应遵循消导下泻，止酵防腐，纠正酸中毒，健胃，补充液体的治疗原则。消导下泻，可用液状石蜡 100 毫升，人工盐或硫酸镁 50 克，芳香氨酯 10 毫升，加水 500 毫升，1 次内服。止酵防腐，可用鱼石脂 1～3 克，陈皮酊 20 毫升，加水 250 毫升，1 次内服。亦可用煤油 3 毫升，加温水 250 毫升，摇匀呈油悬浮液，1 次内服。防止酸中毒，可用 5%碳酸氢钠注射液 100 毫升，10%葡萄糖注射液 200 毫升，1 次静脉注射；或用 11.2%乳酸钠 30 毫升，1 次静脉注射。心脏衰弱时，可用 10%安钠咖注射液 5 毫升，或 10%樟脑磺酸钠注射液 4 毫升，肌内注射，呼吸系统和血液循环系统衰竭时，可用尼可刹米注射液 2 毫升，肌内注射。

种羊发生急性瘤胃积食，若应用药物治疗不能达到目的时，宜迅速进行瘤胃切开手术，进行急救。

②急性瘤胃臌气（气胀）：由于羊吃了大量易发酵的饲料，如幼嫩的紫花苜蓿，抢食过量精料的羊易发病，病可继发瘤胃积食，

舍饲的羊群因喂霜冻、霉败变质的饲料，或喂给多量的酒糟，均可成为本病的发生因素。每年剪毛季节常见肠扭转疾病的发生，也可导致急性瘤胃臌气。

初期病羊表现不安，回顾腹部，拱背伸腰，肷窝突起，有时左肷部向外突出，高于髋结节或脊背水平线；反刍、嗳气停止，触诊腹部紧张性增加，叩诊呈鼓音，听诊瘤胃蠕动音减弱，次数减少。

治疗原则是胃管放气，防腐止酵，清理胃肠。可插入胃导管放气，缓解腹部压力。或用5%的碳酸氢钠溶液1 500毫升洗胃，以排出气体及中和酸败胃内容物。必要时可行瘤胃穿刺放气。具体操作如下：先在左肷部剪毛、消毒，然后以术者的拇指压迫左肷部的中心点，使腹壁紧贴瘤胃壁，用兽用套管针或16号针头垂直刺入腹壁并穿透瘤胃胃壁放气。在放气中紧紧按压住腹壁，勿使腹壁与瘤胃胃壁脱离，边放气边下压，防止胃液漏入腹腔，引起腹膜炎。也可用液状石蜡100毫升、鱼石脂2克、酒精10～15毫升，加水适量，1次内服。或用氧化镁30克，加水300毫升，或用8%氢氧化镁混悬液100毫升，1次内服。中药治疗可用莱菔子30克、芒硝20克、滑石10克，水煎取汁，另加清油30毫升，1次内服。

四、繁殖知识

肉羊的繁殖性能关系着养羊的生产效率。肉羊繁殖的规律、发情、妊娠及分娩知识是肉羊饲养员必备的基础知识。

（一）发情及鉴定

1. 发情和发情周期　发情是指母羊到了性成熟以后，会出现一种周期性的性活动现象。母羊从上一次发情开始到下一次发情的间隔时间称为发情周期。从卵巢的功能和形态变化可分为卵泡期和黄体期2个阶段。卵泡期是在周期性黄体退化，血液中孕酮水平显著下降之后，卵巢中卵泡迅速生长发育，最后成熟和排卵的一段时期。此时母羊表现发情，当卵泡期结束，破裂卵泡发育为黄体，再进入黄体期。在黄体分泌的孕激素(孕酮)的作用下，卵泡的发育被抑制，母羊的性行为处于静止状态，不表现发情。在未受精的情况下，经过10天左右黄体退化，转而进入下一个卵泡期，再次表现发情。绵羊发情周期平均16天(14～21天)，山羊平均为21天(18～24天)。母羊发情有3方面的变化：一是在精神上表现兴奋不安，食欲减退，有交配欲，主动接近公羊，在公羊追逐或爬跨时站立不动。二是生殖道的变化，在雌激素的作用下，外阴部松弛、充血、肿胀、阴蒂勃起，阴道充血、松弛，分泌黏液，子宫口松弛、充血、肿胀并有黏液分泌。子宫腺体增大，充血、肿胀，为受精卵的发育做好准备。三是卵巢变化，在发情的前2～3天卵巢的卵泡发育很快，卵泡内膜增厚，卵泡液增多，卵泡突出于卵巢表面，卵子被颗粒层细胞包围。绵羊发情外表征象不明显，处女羊发情更不明显。山羊发情比绵羊明显，特别是奶山羊，发情时食欲不振，不断咩叫，摇尾，不断爬跨别的山羊，外阴潮红肿胀，阴门流出黏液。

母羊每次发情后持续的时间叫发情持续期。绵羊发情持续期平均为30小时左右，山羊为24～48小时。母羊一般在发情后期排卵，卵子在输卵管中存活的时间为4～8小时，公羊精子在母羊生殖道内维持受精能力最旺盛的时间约为24小时，为使精子和卵子能及时地结合，最好在排卵前数小时配种。因此，比较适宜的配种时间应在发情中期。在生产实践中，早晨试情后，对发情母羊立即配种，为保证受胎，傍晚应再配1次。

2. 发情季节和初配年龄 绵羊和山羊均为短日照季节性发情的动物，即均为夏末和秋季发情，且以秋季发情旺盛。原始类型的品种或者在较粗放的条件下饲养的羊只，其季节性发情越明显。饲养条件好，或经过人工培育的部分绵羊和山羊品种可以常年发情、配种，如小尾寒羊的发情、配种不受季节的限制。公羊繁殖的季节性变化虽然没有母羊那样明显，但在不同季节，其繁殖功能是不同的。精液品质的季节性变化很明显，精子总数和精子活力在秋季最高，冬季次之，夏季最低。

母羊到了一定年龄，生殖器官已经发育完全，具备了繁殖能力，叫做性成熟。性成熟以后，就能配种繁殖，但此时身体的生长发育尚未成熟，故性成熟并非是最适宜的配种年龄。实践证明，幼龄羊过早配种，不仅严重阻碍本身的生长发育，也严重影响后代的体质和生产性能。但是，母羊的初配年龄过迟，不仅影响其繁殖进程，延长繁殖周期，也会造成经济上的损失。因此，应提倡适时配种。绵羊早熟品种一般为8～12月龄，晚熟品种为1.5岁，山羊早熟品种为6～10月龄，晚熟品种为12～18月龄。实际生产中，主要依据个体生长发育及体重来确定：在良好的饲养管理条件下，体重达成年羊的70%时即可配种。在发育良好，并能保证较好的营养条件时，春季2～3月份产的母羔，可在当年秋后配种。公羊一般在1.5岁配种，但若生长发育好，1岁左右即可参加配种。

3. 繁殖年限　绵羊、山羊的利用年限受品种、营养状况、饲养管理水平等因素的影响。利用年限一般为6～7岁，舍饲山羊可达8岁以上。繁殖的最适年龄为3～6岁，表现为繁殖力高，羔羊初生重大，发育快等。繁殖利用年限应根据生产性能表现而定，若肉羊的肉用性能很好，可以延长使用年限。除个别优良种公羊外，一般公羊不宜使用年限过长，以免造成繁殖力降低和近交等。实践证明，5岁以前的公羊配种效果最好，母羊不超过7岁。

4. 母羊发情鉴定方法　发情鉴定的目的是及时发现发情母羊，准确掌握交配和人工授精时间，防止误配、漏配，提高受胎率。饲养员应注意羊群的发情表现，发现发情羊应及时做好标记，并请配种人员进行鉴定和配种。

(1)外部观察法　观察羊的外部表现和精神状态，判断其是否发情和发情程度。绵羊发情时间短，外部表现也不太明显，需要仔细观察。母羊发情时表现精神不安，爱走动，不断摇动尾巴，喜欢接近公羊，公羊爬跨时站立不动，外阴部充血肿胀、流出少量黏液。山羊发情表现明显，兴奋不安，经常咩叫，食欲减退，反刍停止，外阴部及阴道充血、肿胀、松弛，并有黏液排出。

(2)阴道检查法　利用开膣器来观察阴道黏膜的色泽和充血程度，子宫颈的开张状态和黏液的颜色、分泌量及黏稠度等，以此判断母羊的发情与否。发情母羊阴道黏膜充血，表面光滑湿润，有透明黏液流出，子宫颈口出血、松弛、开张。

在进行阴道检查时，先将母羊保定好，外阴部清洗干净。开膣器经清洗、消毒、烘干后，涂上灭菌过的润滑剂或生理盐水浸湿。工作人员左手将羊阴门打开，右手持开膣器，闭合前端，稍向上方插入母羊阴门，然后沿水平方向进入阴道，转动打开开膣器，用反光镜或手电筒光线检查阴道变化。检查完毕后，把开膣器稍稍合拢，但不要完全闭合，缓缓从阴道抽出来。

(3)试情法　由于母羊发情持续期短，发情症状不明显，因而不易发现，为迅速准确地找出发情母羊，在大群生产中可利用试情公羊进行发情鉴定。试情法是鉴定发情母羊最简便可靠的方法。

试情公羊应选择身体健壮、无疾病、性欲旺盛的2～5岁的成年公羊。为了防止试情公羊偷配，必须对试情羊进行处理，具体方法是在腹部系戴试情布，用长40厘米、宽35厘米的白布，四角系上带子，试情时拴在试情公羊的腹下，使其无法直接交配。公羊也可结扎输精管或做阴茎移位手术处理。

试情公羊要单独组群饲养，加强放牧和饲养，保持健康的体况，以免影响试情效果。配种季节要严加管理，除试情外，不得和母羊在一起，每隔5～7天排精1次或本交1次。1周休息1天或2～3天更换试情羊。每天试情后要清洗试情布，以防擦伤试情羊的阴茎，影响正常试情进行。

试情公羊与母羊的比例要合适，以40～50只母羊配备1只试情公羊。试情时应以每天清晨进行，将试情羊放入母羊群后，试情公羊用鼻去嗅母羊，或用蹄去挑逗母羊，甚至爬跨在母羊背上，如果这时母羊站立不动、不跑、不拒绝，或两后腿叉开排尿，这样的母羊就是发情羊，及时做上标记或挑出准备配种。试情时不要轰打和喊叫，每次试情时间为1小时左右，早、晚各1次。

(4)直肠检查法　将手臂伸进母羊的直肠，隔着直肠壁用手指触摸卵巢及卵泡的变化。触摸卵巢的大小、形状、质地，卵泡发育的部位、大小、弹性，卵泡壁的厚薄以及卵泡是否破裂、有无黄体等来判断是否发情和发情阶段。

此法可根据卵泡的发育程度比较准确地判定发生排卵的时间，从而科学决定适宜的配种时间，以减少配种次数，降低费用，提高受胎率。此法要求娴熟的技术和经验，且劳动强度大。对未掌握此项技术的人员需经培训后才能上岗操作，以防对羊造成伤害、准确率低。

(二)妊娠及分娩

1. 妊娠　从精子和卵子在母羊体内形成受精卵开始到胎儿娩出的生理过程称为妊娠。胎儿在妊娠前期发育很慢，妊娠最后2个月发育最快，占整个胎儿重的90%以上。因此，须加强妊娠后期母羊饲养管理。

母羊配种后，经过1～2个发情周期不再发情，即可初步认为妊娠。羊妊娠后性情安静，温驯，行为谨慎安稳，举动小心迟缓。食欲增进，营养状况改善，毛色润泽光亮，腹部逐渐隆起，乳房也逐渐膨大。

妊娠2个月以上的母羊可采用腹部触诊法检查，检查时在早晨空腹时进行。将母羊的头颈夹在两腿中间，两手从两侧放入母羊乳房前方，将腹部微微托起，左手将羊的右腹向左侧微推，左手的拇指、食指叉开就能触摸到胎儿。60天以后的胎儿能触摸到较硬的小块；90～120 天就能触摸到胎儿的后腿腓骨，随着日龄的增长，后腿腓骨由软变硬。有经验的检查者还能判断妊娠几只羔羊。检查时动作要轻而灵活，不可粗硬，以防造成流产。

2. 预产期计算 妊娠期是指母羊从开始受胎至分娩的期间，绵羊和山羊的妊娠期均为 5 个月左右，但随品种、个体、年龄、饲养管理条件的不同而异，其中绵羊为 146～155 天，山羊为 146～160 天。羊的预产期可用公式推算：即配种月份加 5，配种日期数减 2。例如：1 只母羊配种日期为 2007 年 9 月 10 日，其预产期为（9＋5＝14 推至下年 2 月，10－2＝8）2008 年 2 月 8 日。

3. 分 娩

（1）产羔前的准备

①产房及用具的准备：大群饲养要设专门的接产育羔舍。舍内应保持恒温和干燥，一般 5℃～15℃为宜，相对湿度保持在 50%～55%。产羔前 3～5 天必须对产房、运动场、饲槽、分娩栏、手术器械、手术台等进行认真的修理、清扫，并用 3%～5%碱水或 10%～20%的石灰乳水进行彻底消毒（手术器械用新洁尔灭溶液浸泡或高压锅高压蒸汽灭菌），同时准备好产羔时所用的消毒液、润滑液。对于消毒后的产房，要做到地面干燥、空气新鲜、光线充足、挡风御寒（门窗玻璃检查是否破碎），冬季产羔，产房内应有采暖设施。

产房可分 2～3 个，一处放初产及待产母羊，另两处放已产3～4 天或产后弱羔、产后瘫痪母羊等，作为过渡用。产羔母羊尽量在产房内单栏饲养，在产羔比较集中时，在产房内设置分娩栏，这样既利于母羊认羔，又可防止其他羊干扰。

②饲草、料的准备：备料充足，冬季以青干草、质地优良的农作物秸秆和多汁饲料为主，并配备营养价值全面的精料。

③接羔人员的准备：接羔是一项繁重而又细致的工作。因此，每群产羔母羊除主管接羔的技术人员外，必须配备一定数量的辅助人员，确保接羔工作的顺利进行。

④材料及药品的准备:准备好产羔期间所用的必需药品(如碘酊、新洁尔灭、普鲁卡因、生理盐水、缩宫素、抗生素、破伤风抗毒素等)和器材(如剪刀、镊子等,剖宫产的全套器械必须整理好备用)。

(2)母羊分娩　母羊临产前,表现肷窝凹陷,骨盆腔韧带松弛,腹部下垂。乳房肿大,稍现红色而有光泽,乳头直立,手挤时有少量浓稠乳汁。行动比较困难,阴门肿胀潮红,有时流出浓稠黏液,尤其以临产前2～3小时最明显。排尿次数明显增多,起卧不安,不时回顾腹部或喜卧墙角,卧地时两后肢向后伸直,不断出现努责现象,表明母羊接近分娩,接产人员应准备就绪。

母羊正常分娩时,在羊膜破后几分钟至30分钟内,羔羊即可产出。正常胎位羔羊出生时,一般是两前肢及头部先出,并且头部紧靠在两前肢上面,若是产双羔,先后间隔5～30分钟,但也有长达数小时以上的。因此,当母羊产出第一羔后,必须检查是否还有第二羔。方法为手掌在母羊腹部前侧适力颠举,如为双羔,可触感到光滑的羔体。母羊在产羔过程中,非必要时,一般不应干扰,最好让其自行娩出。

羔羊产出后,立即用手先把其口腔、鼻腔里的黏液掏出擦净,以免因呼吸困难、吞食羊水而引起窒息或异物性肺炎。自动离断脐带,也可以人工帮助离断挤带,将脐带断端用3%～5%碘酊涂抹消毒,预防发生脐带炎或破伤风。羔羊身上的黏液,最好让母羊舔净,这样有利于调节羔羊体温和增强母羊恋羔性。如母羊不舔,可将胎儿身上的黏液涂在母羊嘴上,或在羔羊身上撒些麸皮诱其舔净羔羊身上的黏液。如果碰到分娩时间过长,羔羊出现假死情况时,为使羔羊复苏,一般采用两种办法:一种是提起羔羊两后肢,使羔羊悬空同时拍其背胸部,另一种是使羔羊卧平,用两手有节律地推压羔羊胸部两侧。暂时假死的羔羊,经过这种处理后即能复苏。

分娩后将母子关在产羔栏内，使羔羊立即吃到初乳。对羔羊进行编号，称量出生重，填写羔羊出生登记表。

五、肉羊饲养管理登记制度及登记表格

在肉羊饲养管理过程中，应当逐步建立起系统完善的登记制度。系统完善的登记资料是羊场重要技术资料档案，应定期对登记、记录表进行统计，并由专人进行管理。登记、统计制度是肉羊场规范化管理的重要组成部分，可为生产提供可靠的依据。

（一）饲养管理登记制度

所有资料记录应及时、准确、可靠、完整。记录内容包括日常生产记录、引种、购羊记录、配种、产羔、分娩、哺乳、转群、饲料消耗记录等。

生产性能记录，包括种羊来源，种羊系谱卡片档案和主要生产性能记录。

饲料记录，包括饲料、饲草来源，饲料配方及各种添加剂使用记录。

疫病防治记录，包括病志、诊断、用药、免疫所用疫苗情况记录。

出场销售记录，包括出场数量，销售产品等。

资料存档，上述有关资料应长期保存，最少保留 3 年。

（二）登记表格

有关肉羊生产的登记记录表格见表 2-9 至表 2-18（仅供参考）。

表 2-9　羊群结构分析　（只）

统计或变更日期	总计	种公羊	后备公羊	育成公羊	成年母羊	育成母羊	公羔	母羔	试情公羊	其他	备注

记录员________　技术员________

表 2-10　种羊引进记录表

日期	品种名称	数量	引进单位	详细地址	电话号码	种畜生产经营许可证号

记录员________　技术员________

表 2-11　免疫记录表

免疫日期	羊舍号	日龄	数量	耳号	免疫证号	疫苗				免疫方法	剂量	操作人
						名称	厂家	批号	购入单位			

记录员________　技术员________

表 2-12　消毒记录表

日期	消毒场所	消毒剂名称	浓度	消毒方法(程序)	消毒人员签字

记录员________　技术员________

表 2-13　兽药采购入库表

日　期	名　称		规　格	数　量	批　号	批准文号	生产厂家或经销商	
	商品名称	主要成分					名　称	电　话

记录员________　技术员________

表 2-14　饲料及饲料添加剂采购入库记录表

日　期	品　名	规　格	数　量	批　号	批准文号(登记文号)	生产厂家或经销商	
						名　称	电　话

记录员________　技术员________

表 2-15　兽药使用记录表

日期	畜舍号	数量或耳号	临床症状	兽药					剂量	用药方法	休药期	效果	兽医签字
				名称	成分	规格	厂家	批号					

记录员________　技术员________

表 2-16　饲料及饲料添加剂使用记录表

日　期	畜舍号	羊只数量	饲料名称	饲料数量	领料人	备　注

记录员________　技术员________

表 2-17　淘汰羊只处理记录表

日　期	处理对象	处理原因	处理方法	处理人签字

记录员________　技术员________

表 2-18　销售记录表

销售日期	销售数量	免疫证号	耳　号	销往单位		备　注
				名　称	电话号码	

记录员________　技术员________

思考题

1. 肉用绵、山羊的生活习性有哪些?
2. 如何鉴定饲料的品质?怎样观察饲养效果?
3. 难产和急症的处理措施有哪些?
4. 母羊发情的鉴定方法有哪些?如何判断母羊分娩?
5. 肉羊饲养管理登记的重要性有哪些?

第三章　种公羊饲养管理技术

种公羊在羊群中虽然数量少，但利用价值高，配种任务繁重，对后代影响大。因此，必须科学饲养种公羊，以提高其配种效率和受胎率。种公羊要求体质结实，保持中上等膘情，常年健壮、活泼、精力充沛、性欲旺盛，精液量大且品质好。

日粮营养是否全价及管理是否科学直接影响种公羊的精液量及品质。

一、饲喂要求

种公羊所喂饲料应因地制宜、就地取材，但要求日粮富含蛋白质、维生素和矿物质，同时要求饲草品质优良，易消化，体积小和适口性好。适宜种公羊的精料有大麦、燕麦、玉米、饼粕、糠麸类等；多汁饲料主要是胡萝卜；粗饲料有苜蓿干草、青干草和青贮等。种公羊的饲养分为配种期和非配种期。

（一）配种期饲养

对实施自然交配羊群，种公羊配种期饲养包括配种预备期（30～40 天）和配种期（40～60 天）及配种后复壮期（30～40 天）。

配种预备期应逐渐提高营养水平，增加混合精料量，混合精饲料给量先按配种期喂量的 60%～70%给予，并逐渐增加到配种期的精料量。同时，每隔 2～3 天采精 1 次，检查精液品质，以确定每只公羊在配种期的利用强度。

配种期每日饲料给量大致如下：混合精料 1.2～1.5 千克，优质干草 2 千克，青饲料或胡萝卜 0.75～2 千克，食盐 15～20 克，磷酸氢钙 5～10 克，酵母粉 5 克。每日分 2～3 次给草料，饮水 3～4 次，其饲养标准见表 3-1。每日放牧或运动 6 小时。配种任务繁重时，可每日给鸡蛋 1～2 枚或牛奶 0.5～1 千克。燕麦是配种期最好的饲料。黍米（也称黄米）可改善性腺活动，提高精液品质，谷类、豆饼与麸皮混合饲喂比单喂更能提高精子生成量。维生素 E 对公羊性腺活动有良好的影响，其给量至少应比母羊提高 50%，可酌情添加。为进一步提高公羊的射精量和精液品质，可在精料中添加二氢吡啶，其日喂量占精料重量的 0.01%，在配种前 1 个月开始饲喂，直至配种期结束。

全年配种或采精种公羊的饲养管理，参照配种期饲养管理，但种公羊每年至少要休息 2 个月，并采取隔日采精或连续采精 3 天、休息 2 天的方式，以延长种公羊利用年限。

表 3-1　配种期种公羊饲养标准　（每日每只）

体重（千克）	风干饲料（千克）	消化能（兆焦）	可消化粗蛋白质（克）	钙（克）	磷（克）	食盐（克）	胡萝卜素（毫克）
70	1.8～2.1	16.7～20.05	110～140	5～6.0	2.5～3.0	10～15	15～20
80	1.9～2.2	18.0～21.8	120～150	6～7.0	3.0～4.0	10～15	15～20
90	2.0～2.4	19.2～23.0	130～160	7～8.0	4.0～5.0	10～15	15～20
100	2.1～2.5	20.5～25.1	140～170	8～9.0	5.0～6.0	10～15	15～20

注：种公羊配种期的配种次数增加时相应的饲养标准也应有所提高

配种后的复壮期公羊，饲养重点是恢复体力，增膘复壮，其日粮标准和饲养制度要逐渐过渡到非配种期，不能突然减少精料量，日粮组成不能变换太大、太快，均要有 1 周左右的过渡期。

（二）非配种期饲养

种公羊在非配种期虽然没有配种任务，但仍不能忽视饲养管理工作。除放牧采食外，应补充足够的能量、蛋白质、维生素和矿物质饲料。对体重 80～90 千克的种公羊,在冬季和早春时期一般每日补给混合精料 500 克,干草 3 千克,胡萝卜 0.5 千克,食盐5～10 克,磷酸氢钙 5 克。春、夏过渡期精料不减,增加放牧或运动时间。夏、秋季节以放牧为主,另补混合精料 500 克。

对舍饲种公羊在非配种期每天补充混合精饲料(全价料)0.25～0.35 千克;青绿饲料或胡萝卜每天 0.5～0.7 千克;优质干草(苜蓿)不限量,每次饲喂保持 8～9 成饱即可。

二、管理要求

俗话说"母羊好,只一窝,公羊好,好一坡"。因此,种公羊饲养的好坏对后代影响很大,必须使种公羊常年保持结实健壮的体况、旺盛的性欲和良好的配种能力,不能过肥或过瘦。种公羊饲养管理中须做到以下几方面。

(一)环　境

饲养员必须爱护种公羊,要保持种羊舍的清洁和安静,不得惊吓或殴打种公羊,注意掌握种公羊的生活习惯。

(二)营养均衡

营养均衡是实现种公羊管理目标的前提。为达到营养均衡,种公羊的日粮组成应多样化,日粮至少应包含优质青干草、青贮饲料、多汁饲料和精饲料补充料。在配种或采精期,每日应供给优质青干草 1.5～2 千克,胡萝卜等多汁饲料 0.5 千克,精饲料 400～600 克,其余由青贮饲料补充。其中混合精饲料最好针对本场日粮粗饲料组成单独配制,应含有足够的矿物质营养。

(三)运动充足

运动对种羊的繁殖能力有很大影响,充足的运动是保证种公羊活泼健壮、性欲旺盛、膘情适中、生产高品质精液的重要条件。因此,种公羊最好采用放牧方式饲养,对舍饲羊场,应特别设置种公羊强制运动场,每天至少保证2小时以上的强制驱赶运动。

(四)单独饲养

为加强种公羊的饲养管理,种公羊应单独组群有专人负责饲养管理,不得与母羊混合饲养,以保证种公羊旺盛的性欲。

(五)合理利用

采用自然交配时,在繁殖季节每天最多可配种2次,每周至少休息2天。采用人工授精时,繁殖季节每天最多采精1次,每周至少休息2天。用作常年生产冷冻精液的公羊,每2天采精1次。无论何种利用强度,每周至少要进行1次精液品质检查,发现精液品质降低,应立即调整利用强度。种公羊采精要固定人选,不可随意换人、换场地。

(六)注意观察

采精和运动后要适当休息再饲喂,并经常观察种公羊的采食、饮水、运动及粪、尿的情况,发现异常及时采取措施。

(七)防暑降温

羊耐寒怕热,种公羊应注意夏季的防暑降温,由于环境温度高,公羊夏季极易出现性欲低下、精液品质大幅度降低的夏季不育现象。放牧饲养时,应采取早、晚放牧方式避暑。舍饲饲养时,应加强羊舍通风,同时采取适当的设施,如运动场外植树、加设遮阳棚等降温措施。舍饲公羊炎热季节要实施降温措施,一是用冷水冲洗运动场和羊舍地面，二是冲洗睾丸。冲洗羊舍水量要少，防止过度潮湿。

（八）刷拭、修蹄

种公羊每日上午刷拭 1 次，刷拭要全面，使羊体干净无污垢。每年春、秋季各修蹄 1 次，保证种公羊有健康的肢蹄。蹄是皮肤的衍生物，生长较快，若长期不修蹄则会导致蹄甲过长，芜蹄，严重的产生跛行，甚至使四肢残废，种公羊失去配种能力。修蹄时要将羊只保定好，然后用蹄剪将过长的蹄壳剪掉，再用修蹄刀将蹄部削平呈方圆形，削至看见淡红色微血管即可。修蹄工作最好在雨后或雪后进行，因此时蹄较软，易于操作。

（九）定期防疫、驱虫

种公羊的水、料槽及圈舍要定期消毒，消毒间隔不超过 7 天。种公羊与母羊群接触频繁，影响面大。因此，种公羊的防疫、驱虫不仅直接影响种公羊本身的健康，也与整个羊群的健康有密切关系。做好种公羊的防疫与驱虫工作是关系到种公羊种用价值、羊场疾病预防的重要环节，必须做到定期防疫、驱虫。

（十）初次配种的公羊要进行诱导和调教

其他种公羊配种或采精时让其在旁观摩，或人为诱导让其爬跨发情母羊，经一定时间的训练即能配合采精。

三、技术考核指标及劳动定额

（一）技术考核指标

在肉羊繁育工作中，应当逐步建立起系统的资料，育种资料如种羊卡片、种公羊精液品质检查及利用记录、羊配种记录;生产资料如产羔记录、羊体重及剪毛(抓绒)和产肉量记录、羊群饲草饲料消耗记录、疾病防治记录等(表 3-2 至表 3-6)。系统的技术资料是肉羊育种的记录,也是选种的依据。

表 3-2　肉用种羊卡片(正面)

品　种________　个体号________　登记号________

出生日期________　性　别________　出生时母亲月龄________

单(多)羔________　出生重________(千克)　断奶重________(千克)

6 月龄重________(千克)

12 月龄外貌评分__________________　等　级__________________

指　标	1 岁	2 岁	3 岁	4 岁	5 岁	6 岁
体高(厘米)						
体长(厘米)						
胸围(厘米)						
尻宽(厘米)						
体重(千克)						
羊毛长度(厘米)						
羊毛细度(微米)						
剪毛量(千克)						
繁殖成绩						

亲、祖代品质及性能(种羊卡片背面)

	个体号	产自单(多)羔	等级	体高(厘米)		体重(千克)			12 月龄剪毛量	繁殖成绩
				12 月龄	24 月龄	24 月龄	6 月龄	12 月龄		
父　亲										
母　亲										
祖　父										
祖　母										
外祖父										
外祖母										

后裔表现(种羊卡片背面)

儿　子：	女　儿：

表 3-3　种公羊精液品质检查及利用记录

品　种________　　公羊耳号________

序号	采精			射精量(毫升)	原精液				稀释精液			输精前品质			输精量(毫升)	受精母羊数	备注
	日月	时间	次数		色泽	气味	密度	活力	种类	倍数	活力	保存时间(小时)	保存温度(℃)	活力			

站(组)________　技术员________

表 3-4　羊配种记录

序号	配种母羊			与配公羊			配种日期				分娩		生产羔羊			备注
	品种	羊号	等级	品种	羊号	等级	第一次	第二次	第三次	第四次	预产期	实产期	单双羔	羊号	性别	

登记员________　技术员________

表 3-5　羊体重及剪毛(抓绒)和产肉量记录

序 号	品 种	羊 号	性 别	年 龄	体 重	剪毛量	抓绒量	产肉量	备 注

称重日期________　称重员________　记录员________

表 3-6　羊群饲草饲料消耗记录

品　种：________　群　别________　性　别________　年　龄________

供应日期	精饲料（千克）					粗饲料（千克）					多汁饲料（千克）					矿物质饲料（千克）					备 注
					总计					总计					总计					总计	

登记员________　技术员________　组　长________

通过对种公羊体况、精液品质(精子密度、精子活力)等项指标的测定,作为种公羊饲养技术的考核指标。

(二)劳动定额

劳动定额指在一定的生产技术和生产组织条件下为生产一定数量合格产品或完成一定量的工作所必需的劳动消耗标准,是衡量劳动(工作)效率的标准。制定劳动定额可调动劳动者积极性、促进和改善生产管理、提高劳动生产率。这里指的是每个饲养员所饲养的羊只数。

技术考核指标及劳动定额见表3-7。

表3-7　种公羊饲养的技术考核指标及劳动定额

项目名称	参考指标
技术指标	
体重(千克)	70～90(状态良好,中上等膘情)
性　欲	旺盛
射精量(毫升)	0.5～2.5
精子密度	"稠密"(25亿/毫升以上)或"中等"(20亿～25亿/毫升)
精子活力	0.6以上
劳动定额	
种公羊(只/人)	10

思考题

1. 种公羊配种期和非配种期饲喂有何不同?
2. 为何要让种公羊有一定的运动?
3. 种公羊单群饲养有何意义?
4. 种公羊的管理要点有哪些?

第四章　成年母羊饲养管理技术

成年母羊按生理阶段可分为空怀期、妊娠期和哺乳期 3 个阶段，对各阶段的母羊，根据其配种、妊娠、哺乳对营养物质的需求，给予合理饲养水平，使母羊能正常地发情配种和繁殖以保证多胎、多产、多活。产羔后，母羊体内应储备一定的营养，以满足泌乳的需求，为羔羊的生长发育奠定良好的基础。

一、空怀期母羊的饲养管理

空怀期指羔羊断奶后至母羊再次配种前的时期，即为恢复期。我国各地由于产羔季节不同，空怀期的时间也有所不同，产冬羔的母羊空怀期一般在 5～7 月份；产春羔的母羊空怀期在 8～10 月份。

在实际生产中，空怀母羊因不妊娠、不泌乳，往往被忽视。而此时的母羊营养状况会直接影响发情排卵及受胎等情况。空怀期所需营养水平较低，但注意保证中等膘情，做好驱虫、保健工作。

(一)饲喂要求

空怀期母羊的饲养相对比较粗放，其日粮供给通常略高于维持需要的饲养水平即可，放牧母羊一般不补饲或只补饲少量的干草。舍饲母羊日粮组成为：精混料 100 克、青贮 3 千克、秸秆 1 千克、食盐 8 克。由于年龄、胎次、带羔的数量和时间长短等因素的影响，母羊的体况差异很大。对于育成母羊，发情配种前仍处在生长发育的阶段，需要供给较多的营养；泌乳力高或带双羔的母羊，在哺乳期内的营养消耗大、掉膘快、体况弱，必须加强补饲，以尽快恢复母羊的膘情和体况。空怀期母羊的饲养标准可参考表4-1。

表4-1　空怀母羊饲养标准　（每日每只）

月　龄	体重（千克）	消化能（兆焦）	可消化粗蛋白质（克）	钙（克）	磷（克）	食盐（克）	胡萝卜素（毫克）
4～6	25～30	10.9～13.4	70～90	3.0～4.0	2.0～3.0	5～8	5～8
6～8	30～36	12.6～14.6	72～95	4.0～5.2	2.8～3.2	6～9	6～8
8～10	36～42	14.6～16.7	73～95	4.5～5.5	3.0～3.5	7～10	6～8
10～12	37～45	14.6～17.2	75～100	5.2～6.0	3.2～3.6	8～11	7～9
12～18	42～50	14.6～17.2	75～95	5.5～6.5	3.2～3.6	8～11	7～9

（二）管理要求

由于空怀期母羊的体况直接影响着母羊的发情、排卵及受胎情况，营养好、体况佳的母羊发情整齐，排卵数多，受胎率高。因此，加强空怀期母羊的饲养管理，尤其是配种前的饲养管理，对提高母羊的繁殖力十分重要。

在配种前1～1.5个月，对放牧饲养的母羊，应安排在牧草繁茂的草地放牧，延长放牧时间，促进抓膘，使体况较差的母羊快速复壮，促进母羊在繁殖季节发情配种，提高受胎率、增加双羔率。羊群膘情一致，有利于母羊集中发情、配种、产羔，有利于提高劳动效率，降低生产成本；对放牧加补饲及舍饲饲养的母羊，挑出年龄偏大、体况弱、高产母羊，在配种前1.5个月进行短期优饲，增加精料给量，恢复体况。

二、妊娠期母羊的饲养管理

母羊的妊娠期约5个月。妊娠的前3个月为妊娠前期，妊娠后2个月为妊娠后期。做好妊娠期母羊的饲养管理可减少流产、提高产羔成活率和羔羊初生重、增加母羊泌乳量,对羔羊的生长发育和母羊的恢复非常重要。

(一)饲喂要求

妊娠前期因胎儿发育较缓慢,所需营养与空怀期基本相同。放牧饲养的母羊,夏、秋季节,牧草处于青草期或结实期,牧草丰盛、营养丰富,妊娠前期母羊的饲养以放牧为主,不补饲或补饲少量精料,在冬、春季节应补些精料或青干草。在舍饲条件下喂给足够的青干草和补饲少量的精料即可满足营养需要。

妊娠后期,胎儿生长迅速,胎儿重量的80%～90%都在此时形成,这一阶段需要补充营养充足、全价的日粮。如果此时营养不足会影响胎儿发育,羔羊初生重小,抵抗力弱,成活率低。同时,母羊体质差,泌乳量减少,并影响羔羊的健康和生长发育。

研究表明,妊娠后期日粮能量水平比空怀期要高17%～22%;蛋白质增加40%～60%;钙、磷增加1～2倍;维生素增加2倍。因此,妊娠后期的母羊需供给足够的营养物质。放牧饲养的母羊除放牧外,每天应补喂干草1～1.5千克,青贮饲料1.5千克,精料0.45千克,矿物质及维生素补充根据饲草情况而定。舍饲妊娠母羊饲料供给量(每日每只):

混合精料:0.3～0.5千克(其中食盐10克、磷酸氢钙15克、微量元素和维生素添加剂10克)

青干草:1～1.5千克

苜蓿草粉:0.5～0.75千克

青贮:2～4千克

胡萝卜:0.5千克(切碎)

(二)管理要求

妊娠母羊的管理重点从保胎考虑,在母羊妊娠前期要防止发生早期流产，后期保证胎儿正常生长发育。

1. 日常管理要求 对放牧饲养的妊娠母羊，进出圈不要拥挤，上山过沟要慢赶，放牧防止过分疲劳，归牧避免紧追急赶，不打不惊吓；草架、料槽、水槽数量要足，防止喂饮时相互拥挤；饮水时要注意饮用清洁水，早晨空腹不饮冷水，忌饮冰冻水，以防流产，饮水点要防滑倒；妊娠后期仍需坚持运动，每天放牧可达 6 小时以上，游走 8 千米以上；临产前 1 周不得远牧，便于分娩时及时回到羊舍。

对舍饲羊要做到避免妊娠母羊吃冰冻饲料和发霉变质的饲料；要保持清洁卫生的饮水；保持圈舍干燥、清洁，并定期消毒；防止妊娠母羊受惊吓，避免拥挤和追赶；及时收集散落的饲料，禁止外来人员进入羊舍。饲养管理规程可参考表 4-2。

表 4-2 妊娠母羊饲养管理时间表

时 间	工作内容
5:30～6:00	观察羊只、清料槽和水槽
6:00～7:00	领取羊饲料、搅拌饲料
7:00～9:00	喂料
9:00～10:30	清扫羊舍、换水
14:00～14:30	观察羊舍、清料槽
14:30～15:30	领取羊饲料、搅拌饲料
15:30～17:30	喂料
17:30～18:30	清理羊舍

2. 母羊产羔前后的护理 做好产羔母羊的护理工作，是提高羔羊成活率，维护母羊良好体况的保障。

饲养员要认真观察接近预产期的母羊，发现临产母羊应密切观察母羊的表现与症状，做好临产前的准备工作；母羊应在产前 3～5 天进入产房，在进产房之前须将产房进行彻底清扫、消毒，铺好垫草，保持产房阳光充足、空气新鲜，保持舍内温度在 5℃以上并防止贼风；对临产或刚刚分娩后的母羊应用高锰酸钾水清洗乳房和外阴部，并剪掉乳房周围的体毛；母羊产出羔羊后，应立即掏净羔羊口腔、鼻、耳内黏液和羊水，并让母羊舔干或用干净布擦干羔羊。对假死的羔羊应立即进行救助；羔羊不能自断脐带时需要在距体表8～10厘米处人工剪断，并涂擦5%碘酊消毒，防止脐带感染；母羊分娩一般不超过30～50分钟，时间较长会造成死羔、弱羔，对母羊极为不利。对难产的母羊应采取人工助产；产后的母羊应饮用温麸皮盐水500～1 000毫升(盐5克、麸皮50克)，饲喂易消化的饲草，不喂混合精料，少喂多汁饲料；分娩3天后再逐渐喂给。尽快使母羊恢复消化功能。让初生羔羊在30～60分钟内吃到初乳，必要时人工辅助羔羊第一次吃奶，吃奶前挤去母羊乳头里第一把奶，诱导羔羊寻找乳头。对不认羔的母羊在其鼻、口处抹上羔羊排泄物，使其认哺；准确填写产羔的时间、性别、出生重、产羔数、胎次、母羊羊号等。同时，给羔羊打上临时记号，5～15天后转到育羔舍。

三、哺乳期母羊的饲养管理

母羊的哺乳期一般3个月左右，分为哺乳前期(哺乳期前2个月)和哺乳后期(哺乳最后1个月)。饲养好哺乳母羊的关键，一是提高母羊的泌乳量，保证羔羊的生长发育；二是保持母羊的良好体况。

(一)饲喂要求

哺乳前期羔羊主要营养来源于母乳。此时如果母乳量充足，羔羊生长发育快，体质好，抗病力强，存活率就高；如果供给母羊营养水平低，泌乳量必然减少，从而影响羔羊的生长发育；母羊自身消耗大，体质很快变弱。因此，必须加强哺乳前期母羊的饲养管理，促进泌乳量的提高。哺乳期的饲养重点放在哺乳前期。

母乳是羔羊的营养来源，尤其是羔羊出生后15～20天内，几乎是惟一的营养物质。因此，一般根据出生羔20～25天日增重来确定母羊营养需要量。羔羊平均每增重100克，母羊需要消化能4.2兆焦，可消化粗蛋白质36克，钙1.9克，磷1.2克。哺乳母羊的饲养标准见表4-3。

表4-3 哺乳母羊的饲养标准 （每日每只）

体重（千克）	风干饲料（千克）	消化能（兆焦）	可消化粗蛋白质（克）	钙（克）	磷（克）	食盐（克）	胡萝卜素（克）
40	2.0	18.0～23.4	100～150	7.0～8.0	4.0～5.0	10～12	6～8
50	2.2	19.2～24.7	110～190	7.5～8.5	4.5～5.5	12～14	8～10
60	2.4	23.4～25.9	120～200	8.0～9.0	4.6～5.6	13～15	8～12
70	2.6	24.3～27.2	120～200	8.5～9.5	4.8～5.8	13～15	9～15

对于放牧饲养，多数地区哺乳前期处于枯草期或青草生长还很矮的季节，此时期除延长放牧时间外，还应根据母羊所带单、双羔，执行不同的补饲标准，精料量应比妊娠后期稍有增加。粗饲料以优质干草、青贮饲料和多汁饲料为主。在舍饲情况下，应保障有充足而多样的饲草，同时补充精料。

一般产单羔的母羊每天补精料0.3～0.5千克，苜蓿干草1千克，多汁饲料1.5千克；产双羔母羊每天补精料0.6～0.8千克，青干草、苜蓿干草各1千克，多汁饲料1.5千克。

母羊产羔后1个月时泌乳量达到高峰，2个月后逐步下降，此时羔羊的瘤胃功能已趋于完善，可以大量利用青草及粉碎精料，不再完全依靠母乳的营养。母羊此时便进入了泌乳后期，对泌乳后期的母羊，应以恢复母羊体况为目的，除正常放牧外，可酌情补给精料，为下次配种做好准备。

(二)管理要求

管理上要保证饮水充足,圈舍干燥清洁,寒冷季节要增加保温设施。放牧饲养的母羊,产羔后在羊舍内饲养3～5天,然后组成母子群,晴天放到离羊舍较近的牧场自由活动,阴天和雨天尽量把羔羊留在舍内饲养。放牧十几天后母子分开,母羊出去放牧,羔羊在舍内训练吃料,母羊1天3次喂奶时才与羔羊共处。随后实行昼离夜合,保证羔羊有充足的奶吃。羔羊出生1～2个月后便能独立大量采食草料,不再完全依靠母乳,应减少母羊哺乳次数和时间,同时逐渐减少母羊精饲料喂量,直到断奶前全部撤销精饲料。

舍饲母羊哺乳期可适当缩短为45～60天,如羔羊发育比较整齐一致可采用一次性断奶。断奶后母羊关入较远的羊舍,以免羔羊恋母。断奶前要减少母羊多汁饲料、青贮料和精料的饲喂量,防止乳房炎发生。

四、技术考核指标及劳动定额

(一)技术考核指标

肉羊繁殖力是表示母羊维持正常繁殖功能而生育后代的能力。通常以下列几种方法表示:

1. 受配率 受配率表示本年度内参加配种的母羊数与羊群内适龄繁殖母羊数的百分率。主要反映羊群内适龄繁殖母羊的发情和配种情况。计算方法为:

$$受配率=\frac{与配母羊数}{适龄母羊数}\times 100\%$$

2. 受胎率　受胎率指在本年度内配种后受胎母羊数占参加配种母羊数的百分率，实际工作中又可分为以下几种。

(1)总受胎率　指本年度受胎母羊数占本期内参加配种母羊数的百分率。反映母羊群中受胎母羊数的比例，计算方法为：

$$总受胎率=\frac{受胎母羊数}{实配母羊数}\times 100\%$$

(2)情期受胎率　指在一定的期限内受胎母羊数占本期内参加配种的总发情母羊数的百分率。反映母羊发情周期的配种质量。计算方法为：

$$情期受胎率=\frac{受胎母羊数}{情期配种母羊数}\times 100\%$$

(3)产羔率　指产羔母羊的产羔数(产羔数包括正产、难产和产后意外死亡的羔羊)占分娩母羊数的百分率。反映母羊妊娠及产羔情况。计算方法为：

$$产羔率=\frac{产出羔羊数}{分娩母羊数}\times 100\%$$

(4)羔羊成活率　指在本年度内，断奶成活的羔羊数占出生羔羊的百分率。产出活羔数为产后24小时内成活的羔羊数。计算方法为：

$$羔羊成活率=\frac{断奶成活羔羊数}{出生活羔数}\times 100\%$$

(5)繁殖成活率　指本年度内断奶成活的羔羊数占适龄繁殖母羊数的百分率。计算方法为：

$$繁殖成活率=\frac{断奶成活羔羊数}{适龄繁殖母羊数}\times 100\%$$

(6)双羔率　指本年度内，繁殖母羊所产双羔羊数占妊娠母羊的百分率。计算方法为：

$$双羔率=\frac{正产双羔羊数+死产双羔羊数}{分娩母羊数+死产母羊数}\times 100\%$$

3. 泌乳性能 以羔羊出生后15～21天的总增重乘以4.3的积，代表该时期的泌乳量，其中4.3是羔羊增重1千克所消耗的母乳量。

通过对成年母羊受配率、总受胎率、情期受胎率、产羔率、羔羊成活率、双羔率、繁殖成活率和泌乳性能等项指标的测定，作为成年母羊饲养技术的考核指标。

(二)劳动定额

每个饲养员所饲养的羊只数。

技术考核指标及劳动定额见表4-4。

表4-4 成年母羊饲养的技术考核指标及劳动定额

项目名称	参考指标
技术指标	
繁殖母羊年产胎次	1～1.5(不同品种差异)
受配率(%)	97
总受胎率(%)	90
情期受胎率(%)	65
产羔率(%)	110～180(不同品种差异)
羔羊成活率(%)	90
繁殖成活率(%)	105～160
劳动定额	
空怀及妊娠前期母羊(只/人)	100
哺乳母羊及妊娠后期母羊(只/人)	50

思考题

1. 空怀期需要补饲吗?
2. 妊娠母羊的饲喂要点有哪些?
3. 哺乳母羊的营养需要包括哪些方面?
4. 哺乳母羊的管理要点有哪些?
5. 母羊的繁殖力由哪些指标衡量?

第五章　育成羊的饲养管理技术

育成羊是指从羔羊断奶至第一次配种前的青年公、母羊，即4～8月龄的羊。这一阶段是羊骨骼和器官充分发育的时期，饲养是否合理，对生长发育速度和体型结构起着决定性的作用。如果饲养不良，就会影响其一生的生产性能，如体狭而浅，体重小，严重影响到体质、采食量和以后的生产性能。加强培育，可以增强体质，增大体格，促进器官发育，对提高以后的生产性能有重要作用。

一、饲喂要求

育成羊生长发育特点一是生长发育速度快。育成羊全身各系统均处于生长发育旺盛阶段，与骨骼生长发育密切相关的部位仍然继续增长，如体高、体长、胸宽、胸深等；头、腿、骨骼、肌肉发育也很快，体型发生明显的变化；二是瘤胃发育迅速，6月龄的育成羊，瘤胃发育迅速，容积增大，占胃总容积的75％以上，接近成年羊的容积比；三是生殖器官的变化，一般育成母羊6月龄以后即可表现正常的发情，卵巢上出现成熟卵泡，达到性成熟；育成公羊具有产生正常精子的能力，8月龄左右时接近体成熟，可以配种。育成母羊开始配种的体重应达到成年母羊体重的65％～70％。

育成前期，尤其是刚断奶的羔羊，生长发育快，瘤胃容积有限且功能不完善，对粗饲料的利用能力较差，日粮应以优质青干草为主，精、粗料比例35：65为宜，并能补给青绿多汁饲料，日粮的粗纤维含量不超过15％～20％，饲料喂量逐渐加大；育成中期，羊的瘤胃功能基本完善，可以采食大量的牧草和青贮、微贮秸秆，粗饲料的喂量继续加大，精、粗料比为25：75；在配种前对体况较差的个体应给予短期优饲。从4月龄至12月龄，风干饲料喂量由1.4千克增加至2.2千克，即每月增加0.1千克。其饲养标准可参考表5-1。

表5-1 育成羊的饲养标准 （每日每只）

月 龄	体 重（千克）	风干饲料（千克）	消化能（兆焦）	可消化粗蛋白质（克）	钙（克）	磷（克）	食 盐（克）	胡萝卜素（毫克）
4～6	30～40	1.4	14.6～16.7	90～100	4.0～5.0	2.5～3.8	6～12	5～10
6～8	37～42	1.6	16.7～18.8	95～115	5.0～6.3	3.0～4.0	6～12	5～10
8～10	42～48	1.8	16.7～20.9	100～125	5.5～6.5	3.5～4.3	6～12	5～10
10～12	46～53	2.0	20.1～23.0	110～135	6.0～7.0	4.0～4.5	6～12	5～10
12～18	53～70	2.2	20.1～23.4	120～140	6.5～7.2	4.5～5.0	6～12	5～10

二、管理要求

喂给优质的饲草、饲料，给予充足的运动是培养育成羊的关键。丰富的营养和充足的运动，可使羊胸部宽阔，心肺发达，体质强壮。庞大的消化器官、发达的心肺是将来高产的基础。育成羊需要充分的运动锻炼，达到各组织器官均衡发育，增强体质和抗病能力，最终培育出体格健壮、四肢结实紧凑、体态丰满、胸宽深、后腹部稍大、毛被光亮、采食量大、消化力强、体质强、产肉量高的优质肉用种羊。

为保证断奶羔羊生长发育旺盛，顺利进入配种期，要按月龄、体重、性别单独组群，分群管理。放牧饲养的羊场，夏季主要是抓好放牧，安排较好的草场，放牧时控制羊群，放牧距离不能太远，以减少消耗。断奶羊组群放牧后，仍需继续补饲一段时间的饲料。在冬、春季节，除放牧采食外，还应适当补饲干草、青贮饲料、块根块茎饲料、食盐和饮水。补饲量应根据品种和各地的具体条件而定。例如，内蒙古自治区红格尔塔拉种羊场，对纯种茨盖羊，育成全期平均每只补饲精料 75 千克，干草 150 千克，在羊的体重、剪毛量、羊毛长度等方面都取得较好效果。

放牧加舍饲是培育青年羊最理想的饲养方式。断奶编群后的育成羊，每次出牧后仍应继续补料。夏季和秋季，应以放牧为主，补饲为辅；冬季应以补饲为主，放牧为辅。严冬除补饲精料外，还应喂给最好的豆科牧草、青干草、青贮饲料及其他农副产品。一般每日每只羊补饲混合精料 200～300 克，其可消化粗蛋白质的含量不应低于 15%。按公、母羊的月龄大小和饲草好坏，精料给量可做适当调整。

全舍饲饲养类型的育成羊要提供给充足的优良干草，同时给予充足的运动是培育育成羊的关键。根据预期增重要求提供合理的日粮，并按月固定抽测体重，以掌握羊群发育情况和调整饲养水平。

预期增重是育成羊发育完善程度的标志。在饲养上必须注意增重达到指标，按月固定抽测体重，借以检查全群的发育情况。称重需在早晨未饲喂或出牧前进行。一般育成母羊在 8～10 月龄，体重达到 40 千克或达到成年体重的 65%以上时配种。育成母羊不如成年母羊发情明显和规律，所以要加强发情鉴定，以免漏配。8 月龄的公羊一般不要采精或配种，须在 12 月龄以后，体重达 60 千克以上时再参加配种。

三、技术考核指标及劳动定额

(一)技术考核指标

1. 育成羊生长发育及其衡量指标　生长发育是肉用育成羊的主要生产性能指标，通常以初生、断奶、6 月龄、周岁等不同阶段体重、体尺的变化来表示。称重时应在清晨空腹状况下进行。羊体尺测量方法如下。

(1)体高　由肩胛最高点至地面的垂直距离。

(2)体长　由肩端至坐骨结节后端的直线距离。

(3)水平体长　由肩端至坐骨结节后端的垂直距离。

(4)十字部高　由十字部至地面的垂直距离。

(5)胸围　由肩胛骨后缘垂直体轴绕胸1周的周长。

(6)腹围　取腹部最大处1周的周径。

(7)管围　管骨最细处的周长,一般在左前腿掌骨由下向上1/3处测量。

(8)胸深　由肩胛骨背线至胸骨的垂直距离。

(9)胸宽　肩胛骨后缘的胸部宽度。

体重用磅秤或地磅测量,体尺用测杖和软尺测量。

2. 早熟性　早熟性对于育成羊来说,是一个重要的生产性能,表现在体成熟早(即体格和体重的早熟)和性成熟早2个方面。体成熟早又称生长的早熟,即肉羊生长较快,在未到成年羊的幼年时期,体重的增加就达到成年羊体重的70%～75%或以上。性成熟早也就是初情期早,适配年龄早。

通过对育成羊体尺、体重、性成熟期及适配年龄等指标的测定,作为育成羊饲养技术的考核指标。

(二)劳动定额

每个饲养员所饲养羊只数。

技术考核指标及劳动定额见表5-2。

表 5-2　育成羊饲养的技术考核指标及劳动定额

项目名称	参考指标
技术指标	
断奶(3 月龄)体重(千克)	20 以上
6 月龄体重(千克)	35 以上
10 月龄体重(千克)	42 以上
12 月龄体重(千克)	45 以上
性成熟	6～7 月龄(绵羊、山羊公羊),6～8 月龄(绵羊母羊),4～6 月龄(山羊母羊)
适配年龄	8～10 月龄(绵羊、山羊公、母羊)达到成年体重的 70%以上
劳动定额	
育成羊(只/人)	100

思考题

1. 育成羊生长发育的特点是什么?
2. 为何要加强育成羊的饲养管理?
3. 怎样做好育成羊的饲喂?
4. 育成羊的管理要点有哪些?
5. 育成羊生长发育由什么指标衡量?

第六章 羔羊的饲养管理技术

从出生至断奶前阶段的羊为羔羊。羔羊时期是一生中生长发育最旺盛的时期,此时羔羊各器官尚未发育成熟,体质较弱,适应能力差,极易发病死亡。为了提高羔羊的成活率,必须加强饲养管理。

一、生理特点

羔羊出生后,前胃只有真胃的50%,0～21日龄的羔羊瘤胃中黏膜乳头软而小,微生物区系尚未建立,反刍功能不健全,耐粗饲能力差,只能在真胃和小肠中对食物进行消化。但真胃和小肠消化液中缺乏淀粉酶,对淀粉类物质的消化能力差,当食入过多淀粉后,易出现腹泻。此时羔羊所吃的母乳经食管直接进入真胃消化。羔羊21日龄后开始出现反刍活动,随日龄和采食量的增长,消化酶分泌量也逐渐增加,耐粗饲能力增强。如果对羔羊适度早期补饲高质量的青绿饲料,为瘤胃微生物的生长繁殖营造合理的营养条件,可迅速建立合理的微生物区系,增强对饲料的消化能力。

二、饲喂要求

(一)吃好初乳

初乳(母羊产后5天内分泌的乳汁)黏稠,含有丰富的蛋白质、维生素、矿物质等营养物质,其中镁盐有促进胃肠蠕动,排出胎粪的功能。更重要的是初乳中含有大量抗体,而羔羊本身尚不能产生抗体，初乳作为羔羊获取抗体，抵抗外界病菌侵袭的惟一来源，就显得更加必要了。因此，及时吃到初乳是提高羔羊抵抗力和成活率的关键措施之一。初生羔羊要保证在30分钟内吃到初乳，由于母羊产后无奶或母羊产后死亡等情况，吃不到自己母羊初乳的羔羊，也要让它吃到别的母羊的初乳，否则很难成活。

（二）及早补饲

初生羔羊消化能力差，只能利用母乳维持生长需要，但是母羊泌乳量随着羔羊的快速生长而逐渐下降，不能满足羔羊的营养需要。补料是提高羔羊断奶重，增强抗病力，提高成活率的关键措施。必须在羔羊出生后15～20天开始补充饲草、饲料，以促使消化功能的完善。哺乳期的羔羊应喂一些鲜嫩草或优质青干草，补饲的精料要营养全面、易消化吸收、适口性好，经过粉碎处理。饲喂时要少给、勤添、不剩料。补饲多汁饲料时要切碎，并与精料混拌后饲喂。根据羔羊的生长情况逐渐增加补料量，每只羔羊在整个哺乳期需补精料10～15千克，混合精料一般由玉米（50%）、麦麸（18%）、豆粕（饼）（15%）、棉籽粕（饼）（15%）和2%左右的矿物质、维生素组成。补饲的饲草、饲料可以绑成草辫悬在圈内或放在草架上，自由采食。

哺乳期羔羊补饲量（每日每只）可参考如下：

15～30日龄：50～75克

1～2月龄：100克

2～3月龄：200克

3～4月龄：250克

三、管理要求

羔羊时期是羊一生中生长发育最旺盛的时期，加强羔羊培育，为其创造适宜的饲养管理环境，使之朝着人们期望的方向发展，是提高羊群生产性能，造就高产羊群的重要措施，能有力地促进养羊业的发展。

(一)哺乳方法

对于母性强的的母羊，一般产后就能哺乳羔羊，但有的母羊特别是初产母羊，无护羔经验，母性差，产后不去哺羔，必须强制人工哺乳。即把母羊保定住，把羔羊推到乳房前，羔羊吸乳，几次之后羔羊就能自己找母羊吃奶了。对于缺母乳的羔羊，应为其找保姆羊，选择死了羔或产单羔而奶好的母羊喂养。开始时人要帮助羔羊认奶，母羊认仔，可把母羊的奶汁或尿液涂抹到羔羊头部和后躯，混淆母羊的嗅觉，避免保姆羊拒绝羔羊吃奶，经过几次之后保姆羊就能认仔哺乳了。对于一胎多羔母羊，要采用人工辅助方法，让每一只羔羊吃到初乳，提高成活率。

(二)安排好羔羊吃奶时间

母羊产后至少3～7日内，母仔应在产羔舍生活，一方面可让羔羊随时吃母乳，另一方面可促使母仔亲和、相认。对于有条件的羊场，母仔最好一起舍饲15～20天，这段时间羔羊吃奶次数多，几乎隔1个多小时就需要吃1次奶。20天以后，羔羊吃奶次数减少，可以将羔羊留在羊舍饲养，白天母羊出去放牧，中午回来哺羔1次，这样羔羊1天可吃3次奶，母羊也得到充分的采食和休养。

(三)失乳羔羊的人工哺乳法

在养殖过程中，有时会遇到母羊分娩后因产羔过多、奶头不够或母羊产后死亡等，造成羔羊失乳。失乳羔羊的人工哺乳方法及注意事项如下。

1. 哺乳器饮奶法 将奶装进哺乳器械或奶瓶里，把奶头先涂上奶，然后塞进羔羊嘴里，训练几次，即可学会哺乳。或用已经学会用哺乳器吃奶的羔羊作榜样诱导，也能达到训练的目的。

2. 盒饮法　将奶或代乳品放入小盒，让羔羊自饮。开始时哺乳员将手指甲剪短、磨光、洗净，用食指或中指蘸上乳让羔羊吸吮，然后慢慢将羔羊嘴诱到盒内乳汁上吸饮，经几次训练，羔羊就会自饮盒中乳汁。

3. 羔羊人工哺乳注意事项

（1）按时饲喂　对人工哺乳的羔羊要遵守哺乳时间，按顺序先后喂给，0～7日龄每隔3小时1次，每日4～5次，随着日龄的增长，逐渐减少哺乳次数，15日龄后每日哺乳3次。

（2）按量喂给　喂给羔羊的乳汁要适量，起初每只每次喂200～300克，随着日龄的增长，喂量逐渐增加，但1昼夜哺喂量不超过体重的20%为宜。40日龄达到高峰，以后逐渐减少。

（3）保证奶质　哺喂羔羊的奶要新鲜、干净，在加热和分配时应搅拌，使乳脂分布均匀。

（4）乳温恒定　乳汁的温度应保持在38℃～40℃为宜，乳温过低易引起胃肠疾病，过高会影响哺乳，甚至烫坏羔羊口腔。

（5）注重饲养管理　为了防止诱发疾病，羔羊饮具要保持清洁卫生，定期用热碱水消毒，喂奶后用毛巾给羔羊擦嘴，以免互相舔食。羔羊隔离饲养，用具分别使用，避免相互传染。

（四）防寒保暖

初生羔羊体温调节能力差，对外界温度变化非常敏感，必须做好冬羔和早春羔保温防寒工作。首先羔羊出生后，让母羊尽快舔干羔羊身上的黏液，如果母羊不愿舔，要及时用干净抹布擦干。其次冬季应有取暖设备，地面铺垫柔软的干草、麦秸以御寒保温，羔羊舍温度要保持在5℃以上。

(五)羔羊断奶

羔羊断奶的时间一般在3个月左右，根据羔羊能否独立采食草料确定断奶时间。条件好的羊场采取频密繁殖时，可在1.5～2月龄断奶；而饲养条件差的羊场不适合过早断奶。羔羊断奶分1次性断奶和多日断奶两种。一般多采用一次性断奶法，即将母仔一次断然分开，不再接触。突然断奶对羔羊是一个较大的刺激，要尽量减少羔羊生活环境的改变，采取断奶不离圈、不离群的方法，将母羊赶走，羔羊留在原圈饲养，保持原来的环境和饲料。断奶后的羔羊要加强补饲，安全度过断奶关。

(六)断　尾

肉羊业中羔羊的断尾主要是在肉用绵羊品种公羊同当地的母绵羊杂交所生的杂交羔羊，或是利用半细毛羊品种来发展肉羊生产的羔羊，其羔羊均有一条细长尾巴。为避免粪尿污染羊毛，或夏季苍蝇在母羊外阴部下蛆而感染疾病和便于母羊配种，而需要断尾。断尾在羔羊生后10天内进行，此期尾部血管较细，不易出血。

羔羊断尾常用方法是热断法和结扎法。热断法就是利用一把厚0.5厘米、宽7厘米的铁铲，将铁铲在炉火上烧成暗红色，断尾处离尾根部4～5厘米，在第三至第四尾椎骨之间，要边切边烙，切忌太快，起到消毒作用。为了避免铁铲烫坏羊的肛门或母羔外阴部及确保断尾长度一致，用一块厚4～5厘米、宽20厘米、长30厘米的木板，在板的一端紧贴边凿个直径5厘米大的圆孔。断尾时将羊尾套进去并压住。断尾时需2人操作，一人保定羊，另一人持铁铲和木板，密切配合。

结扎法是利用橡皮筋将羔羊的尾巴在尾根处扎紧，1～2周后尾巴在结扎处干燥坏死，自然脱落。尾巴脱落后，在断尾处涂上碘酊。结扎法的要点是结扎要紧，注意观察尾巴脱落前后是否有化脓等现象，如有化脓要及时涂上碘酒。此种断尾方法操作简便，断尾效果较好。

（七）羔羊去角

去角的目的是防止成年后相互争斗带来的伤亡和流产，同时也可减少饲槽占用面积，易于管理。去角时间最好选择在产后7～14日龄，且体况良好又健康无病的羔羊。其方法有外科手术法、电灼法和碱棒法，以电灼法最为实用方便。电灼法去角要先找到角芽即头骨上有两处褪色的皮肤，其外形酷似两个玫瑰花结而又推移不动；当电烙器达到烧红或极热时，在每只角芽上保持约10秒即可。注意灼烧时间过长会导致热原性脑膜炎。灼烧部位包括角芽周围约1厘米的组织（但不要烧伤角基外的皮肤），以防止角根再生。电灼法一般不流血，去角后应注意观察、护理。

（八）公羊去势

不作为种用的公羊，都要及时去势。在育种场，非种用杂种小公羊也应一律去势。去势后的公羊性情温驯，管理方便，容易肥育，肉味鲜美。小公羊的去势，选择在出生后15～30天为宜。过早去势困难，过晚出血太多。去势的方法很多，以刀阉法效果可靠，结扎法简单适用。

1. 结扎法　在阴囊基部扎上橡皮筋使其血液循环受阻，15天以后阴囊连同睾丸就自行干枯脱落。此法简单、方便，适于羔羊。在去势期间要注意检查，防止结扎部位发炎。

2. 刀阉法　去势需2人进行。保定的人，使羊背部向着自己，将羊两后肢提起，用腿将羊颈部夹住，另一人将阴囊外部用5％碘酊消毒，用消过毒的手一手紧握阴囊上部，防止睾丸进入腹腔，一手用刀在阴囊侧下方与阴囊中隔平行处两侧各切1口，挤出睾丸，捻断精索，捻精索时将两睾丸向不同方向拧转数次，或用手向两边捋几次，最后扯断。成年公羊去势时输精管要进行结扎，以防出血过多。切口处涂上碘酊，撒上消炎粉。去势后注意不要使羊卧在潮湿肮脏的地方，以免术部感染。

3. 去势钳法 用特制的去势钳，在阴囊上部用力紧夹，将精索夹断，睾丸则会逐渐萎缩。此法无伤口、无失血、无感染的危险。但经验不足者，往往不能把精索夹断，达不到去势目的，经验不足者忌用。

四、技术考核指标及劳动定额

（一）技术考核指标

羔羊技术资料的记录主要有产羔记录（表 6-1）和体尺、体重记录和饲草饲料消耗记录。

表 6-1 羊产羔记录

序号	品种	羔羊						母羊			公羊耳号	羔羊出生鉴定					
		耳号		性别	单双羔	出生日期	出生重（千克）	品种	耳号	等级		体型结构	体格大小	被毛同质性	毛色	等级	
		临时	永久														

登记员________ 技术员________

通过羔羊断奶个体重，断奶成活率，羔羊日增重，耗料量，料重比以及羔羊健康状况分析，并记录母羊号，作为羔羊饲养人员的技术考核指标。

（二）劳动定额

主要指每个饲养员所饲养羊只数。

技术考核指标及劳动定额详见表6-2。

表6-2　羔羊饲养技术考核指标及劳动定额

项目名称	参考指标
技术指标	
断奶重（千克）	20
断奶羔羊成活率（%）	90
料重比	4∶1（颗粒饲料）
劳动定额	
哺乳母羊及羔羊（只/人）	50

思考题

1. 初乳有什么重要作用？
2. 人工哺乳的方法有哪些？
3. 羔羊补饲的要点有哪些？
4. 如何加强羔羊的饲养管理？

第七章　肥育羊的饲养管理技术

肥育羊是利用肉羊生长发育的特点,科学地利用饲料和饲养管理技术,以最少的饲料投入,生产数量多、质量好的羊肉。

肉羊肥育饲养,是满足维持营养之外的营养积累。不同生长阶段,不同日增重其营养需要量不同。育成羊处于生长发育阶段,增重速度快,营养主要用于肌肉、组织的生长和体脂贮存积累。因而,肥育日粮除满足必要的能量外,蛋白质含量要高。如果能量较高,而蛋白质少,虽能获得较高日增重,但沉积脂肪为主,不能发挥育成羊肌肉生长迅速的特点,达不到最高的日增重和最高的饲料报酬。成年羊肥育由于肌肉、骨骼、组织发育成熟,肌肉增加很少,主要以沉积脂肪为主。所以,日粮中要求碳水化合物多,能量水平要高,蛋白质保持适量,过低会影响能量的利用,降低饲料转化率。不论是育成羊还是成年羊肥育,当脂肪沉积到一定程度后,其生活力就逐渐下降,采食量、饲料转化率、日增重均下降,即吃得多长得慢,如继续肥育饲养则在经济上就很不合算。因此,肉羊年龄越小,肥育期越长,相反,年龄越大,肥育期就越短,几个月即可。

肉羊肥育的方式因各地生态环境、饲养方式、经营规模等实际情况而不同,根据饲养方式可分为:放牧肥育、放牧加补饲肥育和舍饲肥育 3 种方式。

一、放牧肥育方式

放牧肥育是利用天然草场、人工草地、秋茬地等自然资源进行放牧,体重达到上市标准后进行屠宰的一种肥育方式。其特点是投入不多,肥育成本低,经济效益较高,是牧区养羊多采用的一种肥育方式。缺点是肥育用时较长,受草场和气候条件等多种因素干扰和影响,肥育效果不稳定或不理想。肥育羊可以选用淘汰的公、母羊、长期不孕的母羊和不留作种用的公羔。

(一)饲喂要求

抓住青草季节,早出晚归增加夜牧,延长放牧时间,让羊天天吃饱喝足。成年羊和老龄羊肥育以沉积脂肪和改善肉质为主,要选择禾本科牧草的草场和多年生的人工草地放牧。羔羊肥育增重靠增加肌肉,要在豆科牧草的牧场和1～3年生人工草地放牧。肥育前期可在牧草稍差的草地、草坡放牧,肥育后期尽量选择草好的牧地放牧,利用苜蓿地、盐碱牧场或谷物秋茬地放牧,可提高肥育效果。放牧肥育的关键是组群合理,水、草、料、盐等几方面配合。

1. 成年羊放牧肥育 每日采食7～8千克青草,平均日增重100克以上,如果在人工草场上放牧,平均可达200克以上。肥育时期因羊群而异,一般羯羊群在夏场结束,淘汰母羊在秋场结束,中下等膘情的羊群和当年羔羊应在放牧期后适当补饲,达到出栏标准结束。放牧肥育不宜在春场和夏场初期结束。

2. 羔羊断奶后放牧肥育 羔羊2～3月龄断奶后,除部分羔羊被选留作后备羊外,其余羔羊多半出售处理。这时体重小或体况差的羔羊,通过适度肥育,而体重大的羔羊,通过短期强度肥育,均可以大大提高出售价格。

当年羔羊的放牧肥育与成年羊放牧肥育不同之处是必须具备一定条件方可实行。其一,参加肥育的品种具有生长发育快,成熟早,肥育能力强,产肉力高的特点。如内蒙古的乌珠穆沁羊、新疆的阿勒泰羊,都是我国著名的地方肉脂兼用品种,是放牧肥育的极好材料。其二,必须要有好的草场条件,如乌珠穆沁羊的原产地在内蒙古自治区锡林郭勒盟东、西乌珠穆沁旗及其毗邻的阿巴哈纳旗的部分地区,这里靠近东北的大兴安岭,降水量多,牧草生长繁茂，适合于当年羔羊的肥育。

羔羊放牧肥育方法与成年羊放牧相似，但需注意羔羊不能跟群太早，年龄太小随母羊群放牧，往往跟不上群，出现丢失现象。此时如果草场干旱，奶水不足，羔羊放牧体力消耗太大，则影响本身的生长发育，使得成活率降低。其次在产冬羔的地区，三四月份羔羊随群放牧，遇到地下水位高的返潮地带，有时羔羊易陷入泥坑，造成死亡损失。

羔羊放牧肥育效果，据内蒙古自治区东乌珠穆沁旗《百万只肥羔肥育中间试验生产总结》中报道，对 6 个苏木(乡)1 个种畜场 663 只羊的测定，当年羔羊 11 月份屠宰，6 月龄左右平均活重 33.99 千克，胴体重 16.8 千克，净肉重 13.33 千克，屠宰率 49.41%，净肉率 39.2%。另据新疆维吾尔自治区阿勒泰资料报道，4 月份产的羔羊，至 9 月份屠宰，即 5 月龄羯羔，平均体重 37.08 千克，胴体重 19.54 千克，臀脂重 2.95 千克，平均屠宰率 52.7%。当年羔羊产肉量已占阿勒泰地区羊肉总产量的 70%。

影响肥育效果的因素主要有：产羔时间对肥育效果有一定影响。早春羔的胴体重高于晚春羔，在同样营养水平的情况下，早春羔屠宰时年龄为 7～8 月龄，平均产肉 16.6 千克，晚春羔羊为 6 月龄，平均产肉 13.85 千克，前者比后者多产 2.75 千克，从而看出增加早春羔是增加产肉量的一个措施，但需要贮备饲草和改善圈舍条件；另外，与母羊的泌乳量有关系。阿尔泰羊羔羊生长发育快，与母羊产奶量存在着正相关。整个泌乳期平均产奶量 111.46 千克，产后 17 天左右每昼夜平均产奶 1.71 千克，羔羊到 4 月龄断奶时出栏体重已达 39 千克，再经过青草期的放牧肥育，可取得非常好的肥育效果。

(二)管理要求

1. 组群　在进入肥育前，要根据羊的品种、年龄、性别、体重、膘情、壮弱等情况进行组群，尽量把同年龄、同性别和体重相近的羊编为一组，体质强壮和膘情好的羊要与膘情差、瘦弱的羊分别编组。根据不同类型的羊群制订增重计划、调配放牧地、补饲日粮和饲养方法，以利于放牧抓膘和增重均衡。在组群、定舍最初1～2周要随时观察羊只表现，如有伤、弱、病羊及时隔离治疗。

2. 防疫　加强管理，防止传染病。为了预防传染病，所有肥育羊都要皮下注射或肌内注射三联苗(羊猝殂、羊快疫、羊肠毒血症)或五联苗(羊快疫、羊猝殂、羊肠毒血症、羔羊痢、羊黑疫)5毫升，14天后即产生免疫力，免疫期0.5～1年。

3. 驱虫　为了消灭体内外寄生虫，用阿维菌素、丙硫脒唑、硫酸铜进行驱虫。据报道，药浴1次、驱虫2次的羊，比未驱虫、未药浴的羊，寄生虫发病率低70%，每只羊可增重3.4千克。

4. 去势　去势后的绵羊、山羊，性情温驯，便于管理，容易肥育，同时还可减少膻味，提高羊肉品质。凡供肥育的羔羊，一般在出生后2～3周龄去势。去势宜选择在晴天无风的早上进行。在现代养羊生产中，对肥育公羔不予去势，其增重效果比去势的同龄公羔快，而且膻味与去势的羔羊无明显差别，故去势对肥羔生产意义不大。

5. 修蹄　放牧肥育羊应进行修蹄。修蹄应在雨后或让羊只在潮湿草地上活动数小时后，当羊蹄质变软时进行。修蹄时先用修蹄剪(或果树剪枝剪)将生长过长的蹄尖剪掉，然后用修蹄弯刀将蹄底边缘修整到和蹄底一样平齐，再修到蹄底可见淡红色血管为止。不可修剪过度，防止出血和行走不便。

6. 剪毛　当年出生、当年肥育宰杀的肉毛兼用品种羔羊，在进入肥育期前60～90天，可进行1次剪毛，既有利于羊只采食抓膘，又可增加一定量的羊毛收入，同时也不影响宰杀羊只后对毛皮的利用，从而增加了经济收入。

我国幅员辽阔，各地气候差异很大，剪毛的时间也不同。春季一般在5～6月份，以气候趋于稳定时为适宜剪毛时间，北方一般不超过“夏至”。细毛羊、半细毛羊及其高代杂种羊1年只剪春毛1次；粗毛羊除春季剪毛外，到9～10月份再剪秋毛1次。羊群在剪毛前12小时，停止放牧、饮水和喂料，以免剪毛时粪便污染羊毛和发生伤亡事故。剪毛一般安排在上午进行。剪毛时，剪刀要放平，紧贴皮肤，使毛茬尽量留得低些。在剪乳房、阴囊和脸颊部的羊毛时要小心慢剪。如有剪破皮肤的地方，要涂上碘酊消毒。剪毛要选择无风晴天，防止羊因剪去被毛而受凉感冒。剪毛剪应均匀地贴近皮肤把羊毛一次剪下。剪毛动作要快，时间不宜久拖。翻羊时动作要轻，若突然翻动羊只，易引起肠扭转而造成损失。剪毛后，不可立即大量饲喂，因剪毛前羊只已禁食十几个小时，容易贪食，可引起消化道疾病。剪毛后1周内，应注意羊舍保暖。

二、放牧加补饲肥育方式

放牧加补饲肥育是一种放牧加补饲料的混合肥育方法，肥育羊在肥育期内的增重比单靠放牧肥育提高50%左右，羊肉的味道也好。

(一)饲喂要求

一般每日放牧8小时左右，放牧归来后，补饲草料，日补料0.2～0.3千克；后期舍饲，精料喂量为每日每只250～500克，粗料不限量。混合肥育有两种情况：一是在秋末冬初、牧草枯萎后，对放牧肥育后膘情仍不理想的羊，采用补饲精料，延长肥育时间，进行短期强度肥育，肥育期30～40天，使其达到屠宰的标准，提高胴体重和羊肉品质；二是由于草场质量或放牧条件差，仅靠放牧不能满足快速肥育的营养要求，在放牧的同时，给肥育羊补饲一定的混合精料和优质青干草。放牧加补饲肥育既能缩短肉羊生产周期，增加肉羊出栏数、出肉量，又可以充分利用有限的饲草资源，降低生产成本，提高经济效益。羊群每天放牧的时间为 6～8 小时，夜间补喂粗饲料和混合精料。精料由玉米、高粱、麸皮、花生饼、豆饼、棉籽饼、菜籽饼、贝壳粉、食盐、尿素及矿物质添加剂等组成。每千克风干日粮中含干物质 0.87 千克，消化能 13.5 兆焦，粗蛋白质 12%～14%，可消化蛋白质 106 克。粗饲料主要有作物秸秆、树叶、青干草、青贮饲料等。精料每日每只喂量 250～500 克，粗饲料不限，自由采食，每日饮水 2～3 次。

（二）管理要求

管理要求同放牧饲养方式。

三、全舍饲肥育方式

舍饲肥育是农区养羊和现代集约化养羊采用的一种方式。舍饲肥育需要一定的资金、设备投入，但适合集约化、工厂化的规模养羊，圈舍、设备及劳动力利用合理，劳动生产率相对较高，羊增重快，肥育效果、效益好，与放牧肥育相比，同月龄屠宰羔羊，活重提高 10%，胴体重高 20%。

根据肥育强度，可分为羔羊肥育和强度肥育。

（一）羔羊肥育

羔羊的肥育主要指 1 岁以内羔羊的肥育，具有生产周期短，生长速度快，饲料报酬高，便于组织生产等特点，主要包括哺乳羔羊的肥育、断奶羔羊的肥育和当年羔羊的肥育 3 种类型。

1. 哺乳羔羊肥育　哺乳羔羊肥育方式是按舍饲方式饲养，隔栏时间提前，即羔羊在 10 日龄开始补饲，补饲水平提高。羔羊达 3 月龄时，从大群中挑出达到屠宰体重（25 千克）的羔羊，出栏上市。不够屠宰标准的羔羊，断奶后转入一般群继续饲喂。羔羊不采取早期断奶，仍保留原有的母仔对，可减少羔羊因断奶而产生的应激反应，对羔羊稳定生长很有利。试验证明，2～3月龄的羔羊，在哺乳加补饲的情况下，日增重可以达到300克以上。哺乳羔羊的肥育以舍饲为主，以早熟性能好的公羔为肥育对象，但不是羊肉生产的主要方式，是满足节日应时需要的特殊生产方式。

(1)饲喂要求　对羔羊进行隔栏补饲，羔羊开食时间越早越好，每天补饲2次，以玉米粒为主，适量搭配黄豆饼和胡萝卜丝，混合均匀后放入饲槽。有条件的地方最好配制羔羊颗粒饲料。每次喂量以20分钟吃完为宜。另给上等的苜蓿干草，羔羊自由采食。干草品质不佳时，日粮中应添加50～100克蛋白质饲料。矿物质和维生素添加剂、食盐和饮水按饲养标准供给。

(2)管理要求　选择母性好、泌乳多的母羊所产羔羊，加强母羊饲养管理。哺乳期间每日喂给母羊足够量的优质豆科青干草、补喂精饲料0.5千克。羔羊及早开食补饲，越早越好。

3月龄后，从肥育羔羊中分批选出25～27千克以上的肥羔出栏上市。达不到出栏标准的羔羊继续饲养，直至4月龄断奶。断奶时仍不够标准则转入舍饲肥育群进行短期强度肥育。

2. 断奶羔羊肥育　羔羊2～3月龄断奶，经过90～150天的肥育，于6～8月龄达到屠宰体重。宰前活重一般公羔为50千克，母羔为40千克，胴体重为20～22千克。从我国肉羊生产的总体趋势看，断奶羔羊肥育是最基本的生产方式，也是向工厂化高效肉羊生产发展的主要途径。

(1)饲喂要求　断奶羔羊肥育分为预饲期和肥育期。

①预饲期：一般为15天，分3步过渡。第一步1～3天，自由饮水，只喂干草，让羔羊适应新的环境。此后，日粮仍以干草为主，但逐步添加第二步日粮。从第七天进入第二步日粮，喂到第十天，进入第三步，到第十五天正式进入肥育期。

预饲期第二步参考日粮：玉米粒25%，干草64%，糖蜜5%，饼粕5%，食盐1%，抗生素50毫克。此配方含粗蛋白质12.9%、总消化养分57.10%、消化能85.85兆焦、钙0.78%、磷0.24%，精、粗料比为 35：65。

预饲期第三步参考日粮：玉米粒 39%，干草 50%，糖蜜 5%，饼粕 5%，食盐 1%，抗生素 35 毫克。此配方含粗蛋白质 12.2%、总消化养分 61.6%、消化能 90.83 兆焦、钙 0.62%、磷 0.26%，精、粗料比为 50：50。

②肥育期：预饲期结束，进入正式肥育期。正式肥育期的长短因羔羊品种、类型、入圈个体大小，以及肥育期所采用的日粮类型而定。例如，肉用品种或肉羊与当地品种的杂交后代，其生长速度较快，如果提供较高的饲养标准，日增重可以达到 300 克左右，肥育 90 天，便能上市屠宰；当地粗毛羊，生长速度较慢，饲养标准适度降低，一般肥育期为 120 天。常用的日粮有粗料型（表 7-1，表 7-2）、精料型和青贮型 3 种，生产者可以灵活选择。

表 7-1　粗饲料型日粮配方之一

组　成	中等能量	低能量
玉米粒（%）	57.75	52.25
干草（%）	40	47
黄豆饼（%）	1.25	—
添加剂（%）	1	0.75
风干日粮营养成分		
粗蛋白质（%）	11.37	11.29
总消化养分（%）	67.1	64.9
消化能（兆焦/千克）	12.34	11.88
代谢能（兆焦/千克）	10.13	9.75
钙（%）	0.46	0.63
磷（%）	0.26	0.25
精、粗料比	60：40	53：47

全精料型日粮配方为：玉米 60%，豆粕 20%，麸皮 18%，添加剂 2%，矿物质食盐舔块自由采食。每日给羔羊采食 50～90 克的秸秆或干草。全精料型日粮只适用于 35 千克左右的健壮羔羊，通

过强度肥育，40～55 天体重达 48～50 千克上市。

可将粗、精饲料按 40∶60 的比例配合成全价饲料，加工成颗粒，采用自动饲槽添料，羔羊 24 小时自由采食，自由饮水。几个颗粒饲料日粮配方见表 7-2 至表 7-4。

表 7-2　粗饲料型日粮配方之二

组　成	中等能量	低能量
全株玉米(%)	65	58.75
干草(%)	20	28.75
蛋白质补充剂(%)	10	7.5
糖蜜(%)	5	5
风干日粮营养成分		
粗蛋白质(%)	11.12	11
总消化养分(%)	66.9	64
消化能(兆焦/千克)	12.18	11.72
代谢能(兆焦/千克)	10	9.62
钙(%)	0.61	0.64
磷(%)	0.36	0.32
精、粗料比	67∶33	59∶41

表 7-3　成年羊和羔羊肥育用颗粒饲料配方　(%)

组　成	成年羊用		羔羊用	
	配方 1	配方 2	6 月龄前	6～8 月龄
禾本科草粉	35.0	30.0	39.5	20.0
豆科草粉	—	—	30.0	20.0
秸秆	44.5	44.5	—	19.5
混合精料	20.0	25.0	30.0	40.0
磷酸氢钙	0.5	0.5	0.5	0.5
每千克含营养成分				
干物质(千克)	0.86	0.86	0.86	0.86
代谢能(兆焦)	6.90	7.11	9.08	8.70
粗蛋白质(克)	72	74	131	110
钙(克)	4.8	4.9	9	7
磷(克)	2.4	2.5	3.7	3.4

青贮饲料型日粮：本型日粮以玉米青贮为主，占到日粮的67.5%～87.5%，不适用于羔羊的短期肥育，可以用于肥育期较长的、初始体重较小的羔羊肥育，日粮配方见表7-4。

表7-4　青贮饲料型日粮配方

组　成	配方1	配方2
玉米粒(%)	27.5	8.75
玉米青贮(%)	67	87.5
黄豆饼(%)	5.0	—
蛋白质补充料(%)	—	3.5
石灰石(%)	0.5	0.25
维生素A(单位/千克)	1100	825
抗生素(毫克/千克)	11	11
风干日粮营养成分		
粗蛋白质(%)	11.31	11.31
总消化养分(%)	70.9	63.0
钙(%)	0.47	0.45
磷(%)	0.29	0.21
精、粗料比	66∶34	33∶67

(2)*管理要求*　预饲期管理要点：投喂饲料不宜用自动饲槽，用普通饲槽1日投喂2次。每只羔羊占饲槽长度为25～30厘米，保证羔羊在投喂时都能够到饲槽前吃料。投料量以在45分钟内吃完为准，量不够要添，量过多要清扫。羔羊吃食时，要注意观察羔羊的采食行为和习惯，通过调整，实施分群饲养。如要加大喂量或变换日粮配方都应在2～3天内完成，切忌变换过快。根据羔羊表现，如果发现日粮配方不够完善，应及时调整饲料种类和日粮配方。做好羔羊的预防注射和驱虫。

肥育期管理要点：在饲养管理方面，羔羊先喂10～14天预饲期日粮，再转用青贮饲料型肥育日粮。开始饲喂青贮型日粮时要适当控制喂量，以后逐日增加，10～14天内达到全量。羔羊每日采食量不少于2～3千克，否则达不到预期的日增重。严格按饲料比例配匀，钙粉的数量要保证（5%）。每天要清扫饲槽，保持清洁卫生。

3. 当年羔羊肥育 系指羔羊断奶后在草地上放牧一段时间，然后进入舍饲肥育期，当活重达35千克左右时屠宰的生产过程叫做当年羔羊肥育。这是目前我国生产羔羊肉的主要形式，与国外的肥羔生产有所不同。

（1）*饲喂要求* 这种肥育方式基本上属于吊架子肥育。哺乳期以母乳促进羔羊发育，断奶后在草地上放牧，使得骨架长大（吊架子），进入舍饲肥育期后饲喂精料使之增膘。生产上前期以奶为主，草料为辅，中期全部依靠牧草，后期增加精料喂量，这样就可以充分利用夏季盛草期的新鲜牧草，大大降低生产成本。当年羔羊经肥育后，肉质细嫩，新鲜多汁，膻味小，味道与成年羯羊相似，嫩度优于成年羯羊，是加工烹调的优质原料。销售价格比成年羊肉高20%～50%，经济收入高。

（2）*管理要求* 当年羔羊的饲养方法，在生产上要注意以下几个问题。

①分圈饲养：当年羔羊均未参加配种，此时羔羊已性成熟。混群饲养易发生配种受胎现象，影响肥育效果，故应按性别分圈饲养。

②减少应激：羔羊与成年羊相比较，对环境变化的反应较灵敏，在生产上有的农户为了增加收入，在10月份前剪毛1次，此时气候逐渐变冷，剪毛时间掌握得不当会引起应激反应。如某场于9月28日阴雨天剪毛，使羔羊感冒诱发大肠杆菌病，几天内有280多只羊发病，死亡率不高，但对肥育影响很大，造成一定的经济损失。实际生产中应引以为戒。

③防止饲料中毒：实践证明，羔羊对饲料中有毒成分反应较敏感，西北地区的蛋白质饲料，宁夏以胡麻饼为主，青海主要是菜籽饼。胡麻饼因种子不纯，常混有芸芥，其中含有芥子苷；菜籽饼中含芥子苷高达10%～13%，经芥子酶作用后可产生噁唑烷硫酮等有毒物质，对黏膜有强烈的刺激作用，可引起胃肠疾病。日粮中用量一般不得超过20%。

④供给全价日粮：羔羊在草场放牧采食各种牧草，营养比较全面，转入舍饲后，因饲草种类单纯，易发生营养缺乏症，常出现吃土舔墙和神经症状，前者因矿物质不足引起，补给食盐和微量元素就可痊愈。后者表现为羊站立不稳，身体向左侧倾斜，重者卧地不起，四肢痉挛，颈向后仰。经诊断为脑灰质软化症，与维生素供应不足有关。肌内注射一定量维生素 B_1 可缓解此病。

⑤精料比例要适当：当年羔羊已能采食大量植物性饲料，进入舍饲期后人们为了加速肥育进度，加大精料喂量，有时出现精料比例过高而引起酸中毒。此时精、粗料的比例以6：4为宜。

⑥加强防寒措施：羔羊与成年羊相比较，对环境的抵抗力较差，冬季舍饲肥育时气温较低，能量消耗用于维持饲养，使得增膘速度慢。为此，在寒冷的牧区，可采用暖棚养羊方法肥育，在气温较低的半农半牧区，可通过调整饲养密度的方法予以弥补。

（二）强度肥育

指羔羊经过45～60天哺乳，断奶后继续在圈内饲养，到120～150日龄活重达28千克时屠宰的肥育方式。主要利用羔羊早期生长速度快的特点进行肥育。如羔羊初生重4.5千克（公羔），4月龄体重为初生重的6倍，充分发挥4月龄前生长速度快这个优势，就可在较短的时间内达到预期目标。

这种肥育方式与其他类型不同之点在于羔羊出生到肥育结束，一直在羊舍内生活，断奶前的饲料主要是奶类，断奶后以精料为主，饲草为辅，其优点是饲料转化率高，料重比为 2.5～3∶1，生长速度快，日增重 200～250 克。缺点是精料比例大，饲料成本高，难以推广。

1. 饲喂要求

(1)*饲喂方法*　羔羊出生后与母羊同圈饲养，前 21 天全部依靠母乳，随后训练羔羊采食精料。将配合饲料加少量水拌潮饲喂。以后随着日龄的增长，添加苜蓿草粉，45 天断奶后以配合饲料喂羔羊，每天中午让羔羊自由饮水，圈内设有矿物质盐砖，让其自由舔食，120 天屠宰上市。

(2)*饲料配制*　配合饲料中玉米 83%，黄豆饼 15%，石灰石粉 1.4%，食盐 0.5%，添加剂 0.1%(其中硫酸锌 1 毫克，硫酸锰 80 毫克，氧化镁 200 毫克，碘酸钾 1 毫克，维生素 A、维生素 D、维生素 E 分别为 500 单位、1 000 单位、20 单位)。配合饲料为粉状料。

2. 管理要求

(1)*早期断奶*　集约化生产要求全进全出，即羔羊进入肥育圈时的体重大致相似，若差异较大则不便管理，影响肥育效果。为此，对母羊除采取同期发情，诱导产羔外，早期断奶是主要措施之一。从理论上讲羔羊断奶的月龄和体重，应以能独立生活并以饲草为主要营养来源为准。据试验观察，羔羊瘤胃发育可分为出生至 3 周龄的无反刍阶段，3～8 周龄的过渡阶段，8 周龄以后的反刍阶段。羔羊到 8 周龄时瘤胃已充分发育，能采食和消化大量植物性饲料，此时断奶是比较合理的。对断奶羔羊的肥育实行早期断奶，可缩短肥育进程。

(2)*营养浓度要高*　断奶羔羊体格较小，瘤胃容积有限，粗饲料过多则营养浓度跟不上，精料过多则缺乏饱腹感，精、粗料比以 8∶2 为宜。羔羊处于发育时期，要求的蛋白质、能量水平高，矿物质和维生素要全面。据试验，当日粮中矿物质量不足时羔羊有吃土、舔墙现象发生。针对这种情况将矿物质盐砖放在饲槽内，任其自由舔食,问题可得到解决。

(3)大力推行颗粒饲料　颗粒饲料体积小,营养浓度大,非常适合饲喂羔羊。所以,在开展早期断奶、强度肥育时都采用颗粒饲料。实践证明同样的配方,颗粒饲料比粉状料提高饲料报酬5%～10%,适口性好,羊喜欢采食。

(4)适时出栏　出栏时间与品种、饲料、肥育方法等有直接关系。大型品种5月龄出栏,体重可达35千克,小型品种相对差一些。断奶体重与出栏体重有一定相关性。据试验,断奶体重13～15千克时,肥育60天体重可达30千克;断奶体重12千克以下时,肥育后体重25千克,因此饲养上设法提高断奶体重,可增大出栏活重。一般体重达到35千克时即可出栏。

(5)饲喂优质干草　断奶羔羊的日粮单纯依靠精饲料既不经济又不符合羊的生理功能规律,日粮必须有一定比例的干草,一般占饲料总量的30%～60%,以苜蓿干草最好,它不仅含蛋白质高,同时还含有促生长的未知因子,其饲喂效果明显优于其他干草。

四、技术考核指标及劳动定额

(一)技术考核指标

肥育羊产肉性能及其衡量指标主要有以下几种。

1. 肉羊出栏率　指当年肉羊出栏数占年初存栏数的百分率。反映肉羊生产水平和羊群周转速度。计算方法为:

$$肉羊出栏率=\frac{年度内肉羊出栏数}{年初肉羊存栏数}\times 100\%$$

2. 增重速度　指一定饲养期内肉羊体重的增加量。反映肉羊肥育增重效果。一般以平均日增重表示(克/日)。计算方法为:

$$增重速度(克/日)=\frac{一定饲养期内肉羊的增重}{一定饲养期的天数}$$

3. 饲料报酬 指投入单位饲料所获得的畜产品的量，反映饲料的饲喂效果。在肉羊生产中常以投入单位饲料所获得的肉羊增重表示，即消耗的饲料与肉羊的增重比值。

4. 屠宰率 指胴体重（包括肾脏和肾脂）加内脏脂肪（包括大网膜和肠系膜的脂肪）、尾脂和臀脂重，与屠宰前活重之比（宰前空腹 24 小时），以百分率表示。计算方法为：

$$屠宰率=\frac{胴体重加内脏脂及尾脂重}{空腹24小时后宰前活重}\times100\%$$

5. 净肉率 指净肉重占宰前体重的百分比。计算方法为：

$$净肉率=\frac{净肉重}{宰前活重}\times100\%$$

6. 胴体重 指屠宰放血后去皮、头（由环锥处分割）、管骨及管骨以下部分和内脏的重量，剩余躯体（包括肾脏及周围脂肪）的重量，称为胴体重。胴体重又分为热胴体重和冷胴体重，前者指屠宰后静置 30 分钟后所称胴体重；后者指屠宰后静置冷却 24 小时后所称的胴体重。

7. 胴体状态 指胴体外部的形态特征。理想的肉羊胴体形态特点是躯体短粗，背宽平，背部肌肉厚实而匀称，后躯发育良好，臀部肌肉丰满，骨骼细，腿骨较短。将胴体倒挂起来，两后腿之间呈“U”字形。

8. 胴体净肉率 指胴体上的净肉重占胴体重的百分比。计算方法为：

$$胴体净肉率=\frac{净肉重}{胴体重}\times100\%$$

9. 胴体品质 主要根据瘦肉的颜色及瘦肉多少与分布情况、脂肪含量、肉的鲜嫩度、多汁性与味道等特征来评定。

通过肥育羊出栏率、增重速度、饲料报酬、屠宰率、净肉率、胴体重、胴体状态、胴体净肉率、胴体品质分析，作为肥育羊饲养人员的技术考核指标。

(二)劳动定额

指每个饲养员所饲养羊只数。

技术考核指标及劳动定额见表 7-5。

表 7-5　肥育羊饲养的技术考核指标及劳动定额

项目名称	参考指标
技术指标	
断奶重(千克)	20
断奶羔羊成活率(%)	90
肥育期(天)	90～100
肥育期死亡率(%)	1～2
料重比	4∶1(颗粒饲料)
劳动定额	
肥育羔羊(只/人)	150～200

思考题

1. 肥育羊的饲养方式有哪几种？
2. 放牧肥育的饲养要点及管理要求有哪些？
3. 放牧加补饲肥育有何优点？
4. 羔羊肥育的饲养要点及管理要求有哪些？
5. 强度肥育的饲喂要点和管理要求有哪些？

科学养兔指南 32.00
中国家兔产业化 32.00
专业户养兔指南 19.00
养兔技术指导(第三次修订版) 12.00
实用养兔技术(第2版) 10.00
种草养兔技术手册 14.00
新法养兔 15.00
图说高效养兔关键技术 14.00
獭兔标准化生产技术 13.00
獭兔高效益饲养技术(第3版) 15.00
獭兔高效养殖教材 6.00
怎样提高养獭兔效益 13.00
图说高效养獭兔关键技术 14.00
长毛兔高效益饲养技术(修订版) 13.00
长毛兔标准化生产技术 15.00
怎样提高养长毛兔效益 12.00
肉兔高效益饲养技术(第3版) 15.00
肉兔标准化生产技术 11.00
肉兔无公害高效养殖 12.00
肉兔健康高效养殖 12.00
家兔饲料科学配制与应用 11.00
家兔配合饲料生产技术(第2版) 18.00
怎样自配兔饲料 10.00
实用家兔养殖技术 17.00
家兔养殖技术问答 18.00
兔产品实用加工技术 11.00
科学养鸡指南 39.00
家庭科学养鸡(第2版) 20.00
怎样经营好家庭鸡场 17.00
鸡鸭鹅饲养新技术(第2版) 16.00
蛋鸡饲养技术(修订版) 6.00
蛋鸡标准化生产技术 9.00
蛋鸡良种引种指导 10.50
图说高效养蛋鸡关键技术 10.00
蛋鸡高效益饲养技术(修订版) 11.00
蛋鸡养殖技术问答 12.00
节粮型蛋鸡饲养管理技术 9.00
怎样提高养蛋鸡效益(第2版) 15.00
蛋鸡蛋鸭高产饲养法(第2版) 18.00
蛋鸡无公害高效养殖 14.00
土杂鸡养殖技术 11.00
生态放养柴鸡关键技术问答 12.00
山场养鸡关键技术 11.00
果园林地生态养鸡技术 6.50
肉鸡肉鸭肉鹅高效益饲养技术(第2版) 11.00
肉鸡良种引种指导 13.00
肉鸡标准化生产技术 12.00
肉鸡高效益饲养技术(第3版) 19.00
肉鸡健康高效养殖 17.00
肉鸡养殖技术问答 10.00
怎样养好肉鸡(第2版) 12.00
怎样提高养肉鸡效益 12.00
优质黄羽肉鸡养殖技术 14.00
新编药用乌鸡饲养技术 12.00
怎样配鸡饲料(修订版) 5.50
鸡饲料科学配制与应用 10.00

怎样应用鸡饲养标准与常用饲料成分表	13.00
雉鸡养殖(修订版)	9.00
雉鸡规模养殖技术	13.00
怎样提高养鸭效益	6.00
科学养鸭(修订版)	15.00
家庭科学养鸭与鸭病防治	15.00
科学养鸭指南	24.00
图说高效养鸭关键技术	17.00
稻田围栏养鸭	9.00
肉鸭高效益饲养技术	12.00
北京鸭选育与养殖技术	9.00
蛋鸭养殖技术问答	9.00
鸭鹅良种引种指导	6.00
鸭鹅饲料科学配制与应用	14.00
怎样自配鸭饲料	12.00
野鸭养殖技术	6.00
科学养鹅(第 2 版)	12.00
怎样提高养鹅效益	6.00
鹅健康高效养殖	10.00
青粗饲料养鹅配套技术问答	11.00
图说高效养鹅关键技术	16.00
高效养鹅及鹅病防治	8.00
肉鹅高效益养殖技术	12.00
种草养鹅与鹅肥肝生产	8.50
怎样提高养肉鸽效益	15.00
肉鸽鹌鹑饲料科学配制与应用	14.00
肉鸽鹌鹑良种引种指导	5.50
肉鸽养殖新技术(修订版)	15.00
肉鸽 信鸽 观赏鸽	9.00
鸽病防治技术(修订版)	13.00
鸽病鉴别诊断与防治	15.00
鸽病诊断与防治原色图谱	17.00
新编鸽病防治	13.00
鹌鹑规模养殖致富	8.00
鹌鹑高效益饲养技术(修订版)	14.00
毛皮加工及质量鉴定(第 2 版)	12.00
实用毛皮动物养殖技术	15.00
图说毛皮动物毛色遗传及繁育新技术	14.00
毛皮兽疾病防治	10.00
毛皮动物疾病诊断与防治原色图谱	16.00
肉狗标准化生产技术	16.00
狐标准化生产技术	9.00
养狐实用新技术(修订版)	10.00
怎样提高养狐效益	13.00
实用养狍新技术	15.00
养蛇技术	5.00
貉标准化生产技术	10.00
怎样提高养貉效益	11.00
乌苏里貉四季养殖新技术	11.00

以上图书由全国各地新华书店经销。凡向本社邮购图书或音像制品，可通过邮局汇款，在汇单“附言”栏填写所购书目，邮购图书均可享受 9 折优惠。购书 30 元(按打折后实款计算)以上的免收邮挂费，购书不足 30 元的按邮局资费标准收取 3 元挂号费，邮寄费由我社承担。邮购地址：北京市丰台区晓月中路 29 号，邮政编码：100072，联系人：金友，电话：(010) 83210681、83210682、83219215、83219217(传真)。